V&R

Frank Uekötter

Von Vögeln, Mächten und Bienen

Die Geschichte des Landesbundes für Vogelschutz in Bayern

Vandenhoeck & Ruprecht

Bibliografische Information der Deutschen Nationalbibliothek:
Die Deutsche Nationalbibliothek verzeichnet diese Publikation in der Deutschen Nationalbibliografie; detaillierte bibliografische Daten sind im Internet über https://dnb.de abrufbar.

Umschlagabbildung: Aktive der LBV-Kreisgruppe Ingolstadt 2005 auf einer geschützten Wiese in den Donauauen. © Rudolf Wittmann

Satz: textformart, Göttingen | www.text-form-art.de
Druck und Bindung: ⊕ Hubert & Co. KG BuchPartner, Göttingen

ISBN 978-3-525-35824-5

Vorwort

Der Natur-, Arten- und Vogelschutz erscheint uns oftmals als ein Phänomen der Gegenwart, höchstens der jüngeren Geschichte. Dabei haben sich schon vor vielen Jahrzehnten Ehrenamtliche in diesem Bereich engagiert. Auch der LBV blickt auf eine nunmehr 111-jährige Geschichte zurück. Bislang lag jedoch keine zusammenfassende Darstellung der Entwicklung des Verbandes vor. Zum 100-jährigen Jubiläum des LBV 2009 wurde diese Lücke geschlossen. Der Historiker Frank Uekötter erhielt damals vom LBV den Auftrag, die Geschichte des Verbandes zu recherchieren und objektiv zu beschreiben. Unterstützt wurde er dabei als der Leiter der Studie durch die wissenschaftlichen Hilfskräfte Eva Preuß und Claas Kirchhelle. Die Publikation lag seither nur in elektronischer Form vor. Anlässlich des 111-jährigen Jubiläums des LBV haben wir Frank Uekötter gebeten, seine Studie auch unter Berücksichtigung der vergangenen elf Jahre zu aktualisieren. Ich freue mich außerordentlich, dass diese Publikation heute in gedruckter Form vorliegt, wobei es mir dabei wichtig ist zu erwähnen, dass dieses Buch nicht »irgendein Buch« über den LBV ist. Vielmehr liegt dieser Publikation wissenschaftliche Autonomie und Beurteilung zugrunde. Das bedeutet, dass der LBV die Recherchen zu diesem Buch intensiv unterstützt, jedoch keinen Einfluss auf die wissenschaftliche Arbeit und den Text genommen hat.

Herzlichen Dank an Frank Uekötter und alle anderen, die zum Erscheinen dieses Werks beigetragen haben. Dem gesamten LBV wünsche ich alles Gute und viel Erfolg für die kommenden Jahrzehnte.

Hilpoltstein, im Mai 2020 *Dr. Norbert Schäffer*
LBV-Vorsitzender (seit 2014)

Inhalt

Einleitung 9
Eine bewegte Geschichte

I. Gründerzeit des Naturschutzes 17
Vor 1914

II. Krisenjahre 39
1914–1933

III. Im Schatten des Nationalsozialismus 63
1933–1959

IV. Von der Neuorientierung zum Boom 87
1959–1990

V. Ein starkes Stück Bayern 125
1990–2020

Schlussbetrachtung 139
Vereinsgeschichte schreiben

Chronologischer Überblick 143

Anmerkungen 149

Abbildungsnachweis 172

Orts- und Personenregister 173

Einleitung

Eine bewegte Geschichte

Es gibt verschiedene Wege, einen zivilgesellschaftlichen Verband zu gründen. Beim Landesbund für Vogelschutz in Bayern begann alles mit einem Grußwort des Bayerischen Staatsministers des Innern. Friedrich Ritter von Brettreich sprach von der »außerordentlichen Ueberhandnahme der Rebenschädlinge in der Pfalz und überhaupt in allen Weinbaugebieten« und erklärte, dass er sich »von der Förderung des Vogelschutzes eine besondere Abhilfe nach dieser Richtung verspreche«.[1] Es war der 29. November 1909, der Montag nach dem Ersten Advent, und die »Besprechung über Vogelschutz«, die von Brettreich in den Räumen seines Staatsministeriums in München willkommen hieß, versammelte einen bunten Teilnehmerkreis aus allen Teilen des Königreichs Bayern. Es wurde eine lange Sitzung – das Protokoll umfasste 27 Seiten –, und als sie vorüber war, gab es ein neues Gremium, aus dem der heutige LBV hervorging: die Staatlich autorisierte Kommission für Vogelschutz. Den Gründungsakt erlebte von Brettreich allerdings nicht persönlich, weil er die Sitzung nach seinem Grußwort gleich wieder verließ. Staatsminister sind halt vielbeschäftigte Leute.

Die Umstände der Geburt sind nicht das Einzige, was 111 Jahre später ein wenig befremdlich wirkt. Es ist noch nicht einmal klar, ob der LBV tatsächlich an jenem 29. November 1909 gegründet wurde. In der Zeit nach dem Ersten Weltkrieg wurde des Öfteren 1910 als Gründungsjahr genannt.[2] Offiziell war die Schaffung der Kommission nämlich am 29. April 1910 im *Amtsblatt der Staatsministerien des Königlichen Hauses und des Äußern und des Innern* bekanntgemacht worden, und rechtsfähig wurde die Kommission erst durch eine Erklärung des Prinzregenten Luitpold vom 3. Juni

1910.[3] Man kann die Gründung auch auf den März 1907 datieren, als der Verein für Vogelschutz in Bayern entstand, der dann in der Staatlich autorisierten Kommission aufging. Ohne diesen Verein wäre 1909 vielleicht ein reines Regierungsorgan entstanden und nicht etwa eine Kommission, die von Anfang an ein Hybrid aus Staat und Zivilgesellschaft war. Seit 1911 hieß die neue Institution auch offiziell »Staatlich autorisierte Kommission-Landesverband für Vogelschutz in Bayern«.

Der Konflikt zwischen staatlicher Obrigkeit und bürgerlicher Gesellschaft zog sich durch die deutsche Geschichte im 19. und 20. Jahrhundert, und er spitzte sich in den Jahren vor dem Ersten Weltkrieg krisenhaft zu. Aber musste man denn unbedingt politische Prinzipienkonflikte ausfechten, wenn es um eine gute Sache ging? Im Schulterschluss mit der Bayerischen Staatsregierung konnte man Vogelschutz auf eine Weise betreiben, die weit jenseits der Möglichkeiten eines Vereins mit ein paar tausend Mitgliedern lag, und manchen lockte wohl auch der Nimbus der staatlichen Autorität. Das Führungspersonal des Verbandes bestand bis in die siebziger Jahre vor allem aus Beamten, und damit hatte lange Zeit niemand ein Problem. In den ersten Jahrzehnten gingen staatliche und zivilgesellschaftliche Arbeit fließend ineinander über, und wenn sich nach und nach gewisse Trennlinien herausbildeten, dann steckte dahinter nicht unbedingt ein gezieltes Streben nach klaren Grenzen. Es konnte sich auch um ein ungeplantes Nebenprodukt ganz anderer Entwicklungen handeln. Kaum etwas hat die Ausdifferenzierung von staatlicher und zivilgesellschaftlicher Arbeit im bayerischen Vogelschutz so sehr forciert wie die nationalsozialistische Gleichschaltung.

Kein Zweifel: Der Landesbund für Vogelschutz in Bayern hat eine bewegte Geschichte. Es ging darin nicht nur um Vögel und Menschen, die sich aus unterschiedlichen Gründen um deren Schutz bemühten. Die Geschichte des LBV drehte sich auch um die wiederholte Neuerfindung einer Organisation, die erst im letzten Drittel des 20. Jahrhunderts den Weg zum heutigen Mitgliederverband mit zahlreichen ehrenamtlichen Aktiven einschlug. Diese Geschichte spielte in einem Adelspalais in Bamberg und dem Kurhaus von Garmisch, aber auch auf den landwirtschaftlichen Nutzflächen des Obst- und Weinbaus in Franken und der Rheinpfalz, und zu den gestaltenden Kräften gehörten nicht nur profilierte Führungsfiguren, sondern auch engagierte Mitglieder, die auf der Jahresversammlung 1959 so heftig miteinander stritten, dass anwesende Journalisten zeitweise Handgreiflichkeiten befürchteten. Damals bekam der Landesbund gerade noch die Kurve, aber ein Kollaps wäre in den späten fünfziger Jahren durchaus denkbar gewesen – nicht zum ersten Mal in der Geschichte des LBV. Dies ist auch die Geschichte eines Verbandes, bei dem mehrfach offen war, ob es je ein hundertjähriges Jubiläum zu feiern geben würde.

Die Geschichte des LBV ist auch die Geschichte seiner ständigen Veränderung. Das schreibt sich im Rückblick leichter, als es im zeitgenössischen Kontext war. In einem Umweltverband ging es immer auch um große Emotionen, und jeder Ruf nach Veränderungen berührte liebgewonnene Überzeugungen und Verhaltensweisen. Es ging auch stets um Karrieren. Im Vogelschutz agierten keine gesichtslosen Funktionäre, sondern Menschen aus Fleisch und Blut, die auch persönliche Interessen verfolgten, und es wäre kurzsichtig, solche individuellen Ambitionen aus Pietätsgründen zu verschweigen. Von Anfang an lebte der bayerische Vogelschutz von einem leidenschaftlichen Einsatz, zu dem Menschen normalerweise nur dann bereit sind, wenn es sich auch persönlich auszahlt, und meist war der Lohn nicht in erster Linie finanzieller Natur. Reich werden konnte man im bayerischen Vogelschutz ohnehin nicht, und wenn eine Karriere nach formalen Kriterien überschaubar blieb, musste man sich darüber nicht unbedingt grämen. Einhard Bezzel, langjähriger Leiter der Vogelschutzwarte Garmisch-Partenkirchen und Vorstandsmitglied des LBV, erklärte rückblickend zu seiner Beamtenkarriere: »29 Jahre nicht befördert worden zu sein – das registrierte ich mit einem gewissen Stolz.«[4]

Entwicklung und Wandel des LBV wurden vor allem von drei Zusammenhängen geprägt. Der erste war der Gesamtkontext der deutschen Geschichte im 20. und 21. Jahrhundert. Die großen politischen Zäsuren von 1918, 1933 und 1945 hinterließen auch im Vogelschutz ihre Spuren, hinzu kam der Wandel von Politik und Gesellschaft in den siebziger und achtziger Jahren, der nicht nur in Deutschland eine Wasserscheide für Umweltpolitik und Umweltdebatten markierte. Solche Umbrüche waren nicht kurzfristig zu bewältigen, und manche Folgen zeigten sich erst nach einiger Zeit.

Nach dem Ersten Weltkrieg brauchte es mehr als ein Jahrzehnt, bis die Arbeit wieder das Niveau der Zeit vor 1914 erreichte. Auch die Machtergreifung der Nationalsozialisten entfaltete ihre Wirkung nur mit Verzögerung und in durchaus uneinheitlicher Weise, und die Folgen der NS-Zeit reichten über die Zäsur 1945 hinaus. Seit 1939 leitete mit Otto Henze ein strammer Nationalsozialist die Vogelschutzwarte in Garmisch-Partenkirchen, und Henze agierte auch noch in den fünfziger Jahren ungerührt im Geiste des Führerprinzips – ein Amtsverständnis, das zu den Gepflogenheiten des demokratischen Rechtsstaates in unauflöslicher Spannung stand. Die Konflikte, die daraus entstanden, fanden erst 1959 mit Henzes Ablösung als Leiter der Vogelschutzwarte ihr Ende.

Ein zweiter Motor der Veränderung war der Wandel der inhaltlichen Ziele. Man konnte Vogelschutz aus unterschiedlichen Gründen betreiben, und das hatte Folgen für die praktische Arbeit. Lange Zeit dominierte in Bayern ein Vogelschutz, der auf die Interessen der Forst- und Landwirtschaft ausgerichtet war, und das lief auf durchaus eklatante Unterschiede in der Wertschätzung der einzelnen Vogelarten hinaus. Es gab »Arbeitsvögel«, die brav Schadinsekten vertilgten, aber auch »schädliche« Vögel wie Sperber und Eichelhäher, die sich von den »nützlichen« Vögeln ernährten und deshalb gezielt bejagt wurden. Der land- und forstwirtschaftliche Vogelschutz wurde seit den fünfziger Jahren von einem Denken in ökologischen Zusammenhängen abgelöst, das keine Hierarchie unter den Vogelarten mehr kannte, und von dort führte der Weg zum umfassenden Arten- und Biotopschutz von heute, der sich um vielfältige Tier- und Pflanzenarten und ihre Lebensräume kümmert. Auch die Methoden des Artenschutzes veränderten sich im Laufe der Jahrzehnte. Katzen sind unter Vogelfreunden immer noch unbeliebt, aber die Verbissenheit, mit der Vogelschützer vor fast 90 Jahren im Kurpark von Garmisch gegen streunende Hauskatzen vorgingen, ist inzwischen glücklicherweise aus der Mode.

Der LBV gehört zu Bayern, und das war der dritte Zusammenhang, in dem sich der Verband immer wieder neu positionieren musste. Es verstand sich schließlich nicht von selbst, Vogelschutz im bayerischen Rahmen zu betreiben. Die staatliche Vogelschutzkommission und der Landesverband mussten sich gegenüber dem 1899 gegründeten Bund für Vogelschutz behaupten, der heute als

Naturschutzbund Deutschland (NABU) in allen Bundesländern außer Bayern existiert, aber auch gegenüber dem thematisch affinen Bund Naturschutz in Bayern, der zwar vier Jahre jünger ist, aber seit der Zwischenkriegszeit mehr Mitglieder hatte. Hinzu kam der langfristige Trend zur landesweiten Vereinheitlichung, der den deutschen Föderalismus seit dem Kaiserreich prägte. Heute ist Bayern das einzige Bundesland mit einem mitgliederstarken Arten- und Biotopschutzverband, der nur innerhalb der Landesgrenzen agiert, und damit muss sich der Rest der Bundesrepublik arrangieren. Es erinnert an den Umgang mit der CSU. Man musste halt damit leben und konnte das irgendwie auch, aber völlig selbstverständlich ist der bayerische Sonderweg nie gewesen.

Der LBV veränderte sich, und er war fähig zur Veränderung. Es gab kein Leitprinzip, keinen Aktionsmodus, auch keine Leitfigur, mit dem das Schicksal des Verbandes auf Gedeih und Verderb verbunden war – wobei man hinzufügen sollte, dass sich mehr als einmal ein anderer Eindruck aufdrängte. Hinter dem Wandel stand schließlich kein neumodisches »change management«, sondern eher eine Verbindung von intellektueller und politischer Konkurrenz, institutionellem und individuellem Lernen und auch einem Element des Zufalls. Zur erfolgreichen Politik gehört auch der Kairos des günstigen Augenblicks, und dafür muss sich ein Verband schon deshalb nicht schämen, weil auch günstige Gelegenheiten erst einmal ergriffen werden wollen – wie jüngst beim Volksbegehren Artenschutz, das zwar ursprünglich keine Idee des LBV war, aber ohne dessen dezidierte Unterstützung wohl kaum zu einem Erfolg geworden wäre.

Der Preis der Veränderung ist freilich eine gewisse Fremdheit des Verbandes gegenüber der eigenen Geschichte. Wer heute den LBV unterstützt, wird mancherlei irritierend finden, was noch vor wenigen Jahrzehnten zur Praxis des bayerischen Vogelschutzes gehörte. An manchen Punkten möchte man sich ein Fremdeln geradezu wünschen, so etwa beim Führungspersonal: Nach einem lupenreinen Demokraten, wie man ihn heute an der Spitze eines Umweltverbandes selbstverständlich erwartet, sucht man in den ersten 50 Jahren vergeblich. Wenn man chronologisch rückwärts geht, findet man einen in der Wolle gefärbten Nationalsozialisten, ein paar opportunistische Parteigenossen, einen Mann, der schon vor dem Hitlerputsch 1923 ein Nazi war und einen Gründungsvorsitzenden, der nach seinem Ausscheiden in antirepublikanischen Kreisen unterwegs war und sich dabei mächtig verhedderte. Jeder Verband, der in Deutschland seit mehr als 100 Jahren ohne Unterbrechungen aktiv ist, hat eine NS-Vergangenheit, aber so heftig trifft es nicht viele.

Im Umgang mit einer solchen Geschichte ist Ehrlichkeit das oberste Gebot, und deshalb werden in dieser Monographie auch die Abgründe der LBV-Geschichte so gründlich diskutiert, wie es die verfügbaren Quellen erlauben. Es lohnt sich jedoch, die Verbandsgeschichte auch dort, wo sie auf den ersten Blick befremdlich wirkt, ein wenig gegen den Strich zu bürsten. Immer wieder sah sich der Vogelschutz mit den gleichen Fragen konfrontiert. Seit seinen Anfängen suchte der LBV nach der richtigen Balance zwischen wirtschaftlicher Betätigung und Schutz der Natur, und immer wieder stellte sich die Frage, wie autoritär Naturschutz eigentlich sein sollte. Die Macht von oben gehörte stets zum bayerischen Vogelschutz – bei einer Staatlich autorisierten Kommission konnte das gar nicht anders sein. Von Anfang an gab es aber auch ein Bewusstsein, dass der Schutz der natürlichen Umwelt auf die Unterstützung der Öffentlichkeit angewiesen war.

Arten- und Biotopschutz lebt nicht nur von der fachlichen Kompetenz, sondern auch von einem gesunden Verhältnis zu seiner Gesellschaft. Nach 111 Jahren hat der LBV in dieser Beziehung einen enormen Schatz an Erfahrungen gesammelt, aus dem man für die Herausforderungen der Gegenwart lernen kann. Deshalb wird die chronologische Erzählung in diesem Band mehrfach durch Zwischenbetrachtungen unterbrochen, die Fragen grundsätzlicher Natur aufwerfen – ohne dabei den Anspruch zu erheben, dass man auf dem Umweg über die Geschichte zu endgültigen Antworten käme. Aber manchmal hilft es ja bei vertrackten Fragen, wenn man sie aus einer ungewohnten Perspektive betrachtet.

Wenn ein Verband nach 111 Jahren mehr Mitglieder hat als je zuvor, kann er nicht völlig erfolglos gewesen sein. Aber ist die Geschichte des LBV deshalb eine Erfolgsgeschichte? Zweifellos sähe Bayern anders aus, wenn sich nicht Generationen von Naturschützern für Landschaften und Lebensräume eingesetzt hätten.[5] Andererseits gibt es wohl keinen Aktiven, den nicht irgendwann der Verdacht beschleicht, letztlich kämpfe man um das, was Hermann Löns in einer vielzitierten Formulierung als »Pritzelkram« bezeichnete: »Die Naturverhunzung arbeitet ›en gros‹, der Naturschutz ›en detail‹.«[6] Aber kleine Veränderungen können auch etwas bewirken, wenn sie nicht nur Episoden bleiben, und meist fühlte sich der LBV bei der Kleinarbeit wohler als bei den großen Kampagnen und Schlagworten, mit denen sich andere Umweltverbände ins Scheinwerferlicht der Öffentlichkeit drängten. Oder ist dieser Gegensatz mit dem Erfolg des Volksbegehrens Artenschutz inzwischen überholt? Die Geschichte des LBV bietet keine ewigen Gewissheiten, aber dafür einen Erfahrungsschatz, der Impulse für ergebnisoffene Gespräche birgt. Vielleicht kann dieses Buch einen Beitrag leisten, diesen Schatz zu heben.

I.
Gründerzeit des Naturschutzes
Vor 1914

Ursprünge im Königlichen Bayern

Das Gründungsjahr der bayerischen Kommission für Vogelschutz fällt in eine Wendezeit der deutschen Umweltgeschichte. In den beiden Jahrzehnten vor dem Ersten Weltkrieg erlebte der Natur-, Heimat- und Vogelschutz einen enormen Aufschwung, der sich in zahlreichen Vereinsgründungen niederschlug. Nicht wenige der damals geschaffenen Verbände existieren bis heute. Der Verein zum Schutz der Bergwelt wurde etwa 1900 als Verein zum Schutze und zur Pflege der Alpenpflanzen gegründet, 1909 entstand der Verein Naturschutzpark, der sich unter anderem dem Schutz der Hochalpen verschrieb, und 1913 folgte die Gründung des Bundes Naturschutz in Bayern. Auch im Bereich des Vogelschutzes ballten sich die Initiativen. 1875 entstand in Halle der Verein für Vogelkunde, der sich drei Jahre später in Deutscher Verein zum Schutze der Vogelwelt umbenannte und damit als erster Verband einen reichsweiten Geltungsanspruch erhob. Es folgte 1899 die von der schwäbischen Fabrikantengattin Lina Hähnle betriebene Gründung des Bundes für Vogelschutz, der heute als NABU firmiert, 1904 der großbürgerlich-aristokratisch dominierte Internationale Frauenbund für Vogelschutz und 1907 der Verein Jordsand zur Begründung von Vogelfreistätten an den deutschen Küsten. Die bayerische Vogelschutzkommission entstand somit vor dem Hintergrund einer noch deutlich in Bewegung befindlichen Vereinslandschaft, die dann nach 1914 über Jahrzehnte hinweg bemerkenswert stabil blieb.[1]

Grundsätzlich neu war das Interesse an der Vogelwelt um 1900 nicht. Schon vor dem Kaiserreich lassen sich verschiedene Motive des Vogelschutzes erkennen: ein land- und forstwirtschaftliches Interesse an »nützlichen« Vögeln, die Schädlinge vertilgten, ein biologisch-wissenschaftliches Interesse, schließlich Mitgefühl mit der bedrohten oder misshandelten Kreatur. Diese Vielfalt der Motive hatte zunächst die Folge, dass sich der Vogelschutz in eine erhebliche Zahl separater Initiativen aufspaltete. Der emphatische Schutz der »gefiederten Freunde« war das primäre Anliegen von Lina Hähnles Bund für Vogelschutz, der mit aggressiver Mitgliederwerbung und niedrigen Vereinsbeiträgen auf die Mobilisierung der breiten Öffentlichkeit hinarbeitete. Andere Vereine betonten hingegen das wissenschaftliche Interesse, so etwa die 1897 gegründete Ornithologische Gesellschaft in Bayern, die bis heute unter diesem Namen existiert. Bemerkenswert ist aus heutiger Sicht, dass sich zunächst auch die Vogel*halter* als Teil der Vogelschutzbewegung verstanden. So gab es etwa in München einen Verein für Vogel-Zucht und -Schutz, der 1895 sein zehnjähriges Bestehen feiern konnte.[2] Der land- und forstwirtschaftliche Vogelschutz stand im Mittelpunkt der Pariser Konvention zum Schutze der für die Landwirtschaft nützlichen Vögel, die das Deutsche Reich als eines von elf europäischen Ländern 1902 unterzeichnet hatte.[3]

Wenn es in diesem vielstimmigen Chor so etwas wie eine leitende Autorität gab, dann war das Hans Freiherr von Berlepsch, der auf seinem Wasserschloss im thüringischen Seebach eine private Vogelwarte unterhielt, die vom preußischen Staat 1908 zur Staatlich anerkannten Versuchs- und Musterstation für Vogelschutz erhoben wurde. Für Berlepsch war Vogelschutz »nicht nur eine Liebhaberei, eine aus ethischen und ästhetischen Beweggründen hervorgegangene Passion«, sondern »in erster Linie eine volkswirtschaftliche Massnahme«.[4] Daraus ergab sich eine strenge Unterscheidung zwischen nützlichen und schädlichen Vögeln. Als nützlich galten vor allem Insektenfresser wie die Meisen, da sie der Land- und Forstwirtschaft bei der Schädlingsbekämpfung halfen. Die natürlichen Feinde der insektenfressenden Vögel, zu denen insbesondere auch die Greifvögel gehörten, wurden hingegen als schädlich klassifiziert. Im Zentrum eines so verstandenen Vogelschutzes stand somit die biologische Funktion bestimmter

Vogelarten: Berlepsch war überzeugt, dass »die Vögel als berufene Wächter des Gleichgewichts zwischen Pflanzen und Insekten uns Menschen, speziell dem Obstbauer, Land- und Forstwirt, zum grössten Nutzen gereichen, ja im Haushalt der Natur unentbehrlich sind«.[5] Die große Bedeutung, die Berlepsch für die Arbeit der bayerischen Vogelschutzkommission besaß, spiegelte sich nicht nur in den regen wechselseitigen Beziehungen, sondern auch in einer programmatischen Äußerung des Kommissionsvorsitzenden vom August 1912, die sich fast wörtlich am Berlepsch'schen Vorbild orientierte: Vogelschutz sei »nicht eine augenblickliche Modeliebhaberei«, sondern gründe »auf der Ueberzeugung [...], dass der Vogelschutz in erster Linie von volkswirtschaftlichem Nutzen und dann auch von grosser ethischer Bedeutung ist«.[6]

Die Gründung der Staatlich autorisierten Kommission für Vogelschutz bedeutete also keineswegs den Beginn des bayerischen Vogelschutzes. Sie markierte eher das Ende einer bewegten Gründerzeit, die von einer Vielzahl von neuen Vereinen mit unterschiedlichen Zielrichtungen geprägt war, und die beginnende Konsolidierung institutioneller Strukturen, die sich auf längere Sicht als tragfähig erwiesen. In diesem Sinne äußerte sich auch das Königliche Staatsministerium des Innern, als es zu der Sitzung vom 29. November 1909 einlud. Die Aktivitäten der »in vielen Orten bestehenden Vogelschutzvereine« seien zwar »dankbar anzuerkennen«, nur gebe es eine »Zersplitterung dieser Kräfte«, und so finde das Anliegen »nicht überall die erforderliche Beachtung«. Aus diesem Grund empfehle sich, so das Ministerium weiter, »die Bestrebungen der schon bestehenden oder neu zu gründenden Vereine zu einem einheitlichen, planmäßigen Vorgehen zusammenzufassen«.[7]

Eine solche Koordinierung zivilgesellschaftlicher und staatlicher Arbeit ist wohl kaum je eine triviale Aufgabe. Im Falle der Vogelschutzkommission war das Unterfangen jedoch besonders brisant, weil es bereits einen agilen Verein für Vogelschutz in Bayern mit ganz ähnlichen Ambitionen gab. Dieser war im März 1907 gegründet worden und damit zum Zeitpunkt der Sitzung noch keine drei Jahre alt, hatte jedoch bereits 911 Mitglieder, darunter Berlepsch als Ehrenmitglied und keinen Geringeren als den bayerischen Prinzregenten Luitpold als Mitglied auf Lebenszeit. Unter den Mitgliedern befanden sich 794 Einzelpersonen, der Rest waren korporative Mitglieder; der Verein für Vogelschutz in Bayern war also auch ein Dachverband lokaler und regionaler Initiativen.[8] Zu allem Überfluss hatte der Verein auch noch im Mai 1909 die Einrichtung eines »Büros für Vogelschutz« in der Münchner Kaufingerstraße bekanntgegeben, das er als »Zentralstelle für alle Fragen des Vogelschutzes« ausgestalten wollte.[9] Die Überlappungen mit dem staatlichen Unterfangen waren somit überdeutlich, und es ist wohl keine Übertreibung zu sagen, dass die staatliche Vogelschutzkommission zum Scheitern verurteilt gewesen wäre, wenn sich der Verein für Vogelschutz in Bayern der Mitarbeit verschlossen hätte. Das ahnte man wohl auch im Staatsministerium, denn es fällt auf, dass dessen Vertreter sich in der Sitzung vom 29. November zunächst vor allem an diesen Verein richteten und um dessen Kooperationsbereitschaft warben – soweit dies einem stolzen Königlichen Oberregierungsrat eben möglich war. »Es sei keine bloße Pedanterie, wenn die Staatsregierung wünsche, diese Bestrebungen zusammenzufassen« und auf diesem Wege eine »Zentralvereinigung als berufenen Ratgeber für Behörden und Private« zu schaffen, hieß es am 29. November 1909 in Richtung der Vereinsvertreter. Man habe in Bayern auch »von jeher den Grundsatz vertreten, daß eine staatliche Förderung nur solchen Vereinigungen zu Teil werden könne, die sich auf das ganze Land erstrecken«.[10] Hermann von Gebsattel, der offenbar schon als Leiter der zu gründenden Kommission auserkoren war, sekundierte: Man müsse »auch zur Hintanhaltung von Eifersüchtelein verhindern, daß ein bestimmter Verein an die Spitze gestellt werde«.[11]

Die Vereinsvertreter hatten anscheinend geahnt, dass die Sitzung zu einer Schicksalsstunde des Vereins für Vogelschutz in Bayern werden würde. Neben dem Ersten Vorsitzenden, dem Schriftsteller Georg Muschner, war auch der Zweite Vorsitzende Karl Kempf aus Neusorg im Fichtelgebirge zur Sitzung nach München gereist. Zur Erleichterung der Staatsregierung gab Georg Muschner für seinen Verein »die Erklärung ab, daß es nicht ihre Absicht sei, sich in den Vordergrund zu stellen, daß sie vielmehr bereit seien, der guten Sache wegen an der Gründung eines Landesverbandes mitzuarbeiten«.[12] Zum Dank wurde Muschner sogleich zum Schriftführer der Kommission gewählt[13], und ein 1910 verfasster Tätigkeitsbericht des Vereins lobte die Vogelschutzkommission als »mächtige

Hermann von Gebsattel, erster Vorsitzender der Staatlich autorisierten Kommission für Vogelschutz.

Bundesgenossin«, durch die die Vereinsarbeit nicht »lahm gelegt« werde.[14] Das konnte das Konkurrenzverhältnis jedoch allenfalls notdürftig übertünchen. Die Gründung der Kommission machte den Verein für Vogelschutz in Bayern auf Dauer redundant, und es verwundert wenig, dass von dem Verein nach dem Ersten Weltkrieg nichts mehr zu hören war. Letztlich ging es deshalb in der Sitzung vom 29. November 1909 weniger um die grundsätzliche Frage einer Vereinigung der Vogelschutzbestrebungen als vielmehr darum, ob diese unter staatlicher oder unter zivilgesellschaftlicher Ägide stattfinden würde. So birgt die hiesige Geschichte gleich am Anfang eine tiefe Ironie. Die Geschichte des LBV begann mit einer Entscheidung, die auf lange Sicht das Todesurteil für einen anderen landesweiten Vogelschutzverein bedeutete.

Immerhin hatte die staatliche Variante gegenüber der zivilgesellschaftlichen den Vorzug, dass sie auch jene Behörden einbeziehen konnte, die bereits auf dem Gebiet des Vogelschutzes tätig waren. An der Sitzung vom 29. November nahmen neben vier Ministerialbeamten auch der Landesinspektor für Obst- und Gartenbau, der Landesinspektor für Weinbau, der Direktor der Agrikulturbotanischen Anstalt in München, der Direktor der Lehr- und Versuchsanstalt für Wein- und Obstbau im pfälzischen Neustadt an der Weinstraße sowie der Generalsekretär des Bayerischen Landwirtschaftsrates teil. Alle diese Einrichtungen fanden sich dann auch in der Mitgliederliste der Vogelschutzkommission wieder. Das zivilgesellschaftliche Element trat dagegen in der Kommission spürbar zurück. Neben Muschner waren hier vor allem Karl Parrot von der Ornithologischen Gesellschaft in Bayern zu nennen sowie der Kassenwart der Kommission Freiherr von Vetto, der zugleich Direktor der bayerischen Landwirtschaftsbank und Erster Vorsitzender des Landesverbands der Bayerischen Obstbauvereine war.[15] Nicht zuletzt spiegelte sich das staatliche Übergewicht auch im Namen. Nachdem zunächst von einer »Zentralstelle« oder einem »Zentralkomitee für Vogelschutz« die Rede gewesen war[16], setzte sich auf Betreiben des Vorsitzenden Gebsattel die Formulierung »Staatlich autorisierte Kommission für Vogelschutz« durch.[17]

Dennoch war die Vogelschutzkommission keine rein staatliche Veranstaltung, sondern ein Hybrid von Verwaltung und Gesellschaft. Das kam schon darin zum Ausdruck, dass sich rasch eine Doppelbezeichnung einbürgerte: Die »Staatlich autorisierte Kommission« firmierte zugleich als »Landesverband« für Vogelschutz. Seit 1911 hatte diese doppelte Bezeichnung auch Satzungsrang: Seither hieß es im Paragraph eins, die Staatlich autorisierte Kommission bilde »zusammen mit den ihr angeschlossenen Vogelschutzinteressenten (Behörden, Vereinen, sowie sonstigen juristischen und Einzelpersonen) den bayerischen Landesverband für Vogelschutz«.[18] Laut Satzung lautete der offizielle Name seither »Staatlich autorisierte Kommission-Landesverband für Vogelschutz in Bayern«, aber diese sperrige Bezeichnung kam nie in den allgemeinen Gebrauch.[19] Als Sprachregelung gab die Kommission aus, »dass die Tätigkeit der Vereine am wirksamsten zum Ausdruck kommt in lokaler Beschränkung, d. h., wenn die Vereine im lokalen

Interessentenkreis – bei Städten auch in der Umgebung – durch Schaffung von Nistgelegenheiten, Winterfütterung, Verfolgung der Vogelfeinde, Propaganda und Aufklärung praktisch tätig sind«, während »die Organisation, die Vorbereitung der genannten Tätigkeit und ihre Unterstützung durch entsprechende Massnahmen Sache der Kommission« war.[20] Dass die Satzung als Mitglieder der Kommission nur »Vertreter der einschlägigen Behörden« und »Fachleute auf dem Gebiet des Vogelschutzes« vorsah, war durchaus bezeichnend. An einen Mitgliederverband mit breiter Basis dachte offenbar noch niemand.[21]

Zu den Teilnehmern der Sitzung vom 29. November 1909 gehörte auch der Forstassessor Karl Haenel aus dem fränkischen Fischstein, der seinerzeit am Forstamt Pegnitz beschäftigt war. Die Präsenz eines einfachen Assessors aus der fränkischen Provinz unter lauter Ministerialräten verwundert auf den ersten Blick. Aber schon die Tatsache, dass Haenel am Ende der Sitzung in die Kommission gewählt wurde, lässt erkennen, dass Haenels Stellung mit seinem Dienstrang wenig zu tun hatte.[22] Haenels Karriere im bayerischen Vogelschutz begann im Frühjahr 1909, als der Verein für Vogelschutz in Bayern eine Kommission für eine »Centralfabrik für Vogelschutzgeräte« einberief. Die Forstabteilung des Finanzministeriums suchte aus diesem Anlass einen ornithologisch kundigen Beamten, den sie als Vertreter der Staatsforstverwaltung in diese Kommission entsenden konnte. Das Forstamt Pegnitz schlug dafür Haenel vor, nicht ahnend, dass es sich wenig später über den Verlust dieses Mitarbeiters würde beklagen müssen.[23] Schon im März 1910 wurde Haenel, der seit seiner Jugend ein ornithologisches Interesse verfolgte[24], auch förmlich mit der Übernahme von Vogelschutzarbeiten neben seiner gewöhnlichen Forstamtsarbeit beauftragt, im Juli 1911 wurde er schließlich für zunächst zwei Jahre zur Arbeit für die Vogelschutzkommission beurlaubt.[25] Im November 1914 ernannte ihn das Staatsministerium des Innern schließlich zum Königlichen Sachverständigen für Vogelschutz.[26] Als der Forstbeamte Haenel 1938 in Pension ging, hatte er den bayerischen Vogelschutz drei Jahrzehnte lang geprägt.

Fürs Erste war der starke Mann in der Staatlich autorisierten Kommission für Vogelschutz jedoch ganz eindeutig Hermann von Gebsattel. Der katholische Freiherr, aus fränkischem Uradel stam-

Das Palais der Familie Gebsattel in der Oberen Karolinenstraße in Bamberg diente zeitweise als informeller Sitz der Vogelschutzkommission.

mend, war 1907 im Alter von 52 Jahren als Generalmajor aus dem Militärdienst ausgeschieden und konnte sich deshalb ganz dem ihm übertragenen Vorsitz widmen.[27] Gebsattel war ein aktiver Vorsitzender, der das Anliegen des Vogelschutzes energisch vertrat und damit den raschen Aufschwung der Kommission wohl überhaupt erst ermöglichte. Seine Bedeutung lässt sich schon daran erkennen, dass Bamberg rasch zum Zentrum der Kommissionsarbeit wurde, obwohl die Satzung zunächst München als Sitz der Kommission vorsah.[28] Der Familiensitz der Familie Gebsattel in der Oberen Karolinenstraße war zeitweise die Postanschrift der Staatlich autorisierten Kommission, sogar die ersten Kurse für Forstbeamte fanden in diesem Privathaus statt.[29] Ein Gremienmensch war Gebsattel allerdings nicht. Der ursprüngliche Plan eines »Zentralverbandes« wurde von Gebsattel kurzerhand kassiert, und darüber hinaus ließ er die übrigen Kommissionsmitglieder bereits im Februar 1910 wissen, »dass es nicht notwendig ist, öfters Sitzungen der Kommission zu veranlassen, sondern dass die Aufgaben der Kommission im persönlichen und schriftlichen Verkehr der einzelnen Kommissionsmitglieder unter sich und mit mir als Vorsitzenden in der Hauptsache geregelt werden können«.[30]

Die moralische Ambivalenz, die seine Zeit als Vorsitzender im Rückblick umgibt, hat freilich weniger mit seiner autoritären Amtsführung zu tun als damit, dass die Vogelschutzkommission nicht die einzige politische Bühne blieb, auf der Hermann von Gebsattel agierte. Gemeinsam mit seinem Bruder Konstantin war er aktives Mitglied des Alldeutschen Verbandes, der als wichtigster Vertreter eines radikalen Nationalismus eine unrühmliche Rolle in der Geschichte des Kaiserreichs spielte.[31] Es ist kein Zufall, dass sich beim Alldeutschen Verband viele der Ziele und Forderungen fanden, die später auch von den Nationalsozialisten formuliert wurden: eine aggressive Außenpolitik im Zeichen des Pangermanismus und ein polemischer Kampf gegen innere Feinde, zu denen Sozialdemokraten, Linksliberale, Juden, ethnische Minderheiten und manchmal auch Katholiken zählten. Dass dieses letzte Feindbild von den beiden katholischen Brüdern schwerlich geteilt wurde, passte durchaus ins Profil des Vereins, der weniger ein geschlossener Mitgliederverband als eine »Art Holding im Geflecht der vielen radikal-nationalistischen neuen Organisationen« war.[32] Für Hermann und Konstantin von Gebsattel war die Arbeit im Alldeutschen Verband zudem nur der Anfang eines langen Weges in radikal-nationalistischen Kreisen, der erst 1934 sein Ende fand – paradoxerweise mit einem Verhör Hermann von Gebsattels durch die Bayerische Politische Polizei.[33]

Diese Entwicklung war noch nicht zu erahnen, als Gebsattel 1909 die Leitung der Vogelschutzkommission übernahm. Bei seinem Bruder Konstantin begann die politische Karriere, nachdem er 1910 aufgrund eines Asthmaleidens aus dem Militärdienst ausscheiden musste, und seine intensive Zusammenarbeit mit den Alldeutschen entfaltete sich erst nach einem persönlichen Treffen im August 1913.[34] Danach stieg Konstantin von Gebsattel jedoch rasch in die Vereinsführung auf und amtierte von 1914 bis 1918 als stellvertretender Vorsitzender des Alldeutschen Verbandes. 1919 übernahm er die Führung des Deutschvölkischen Schutz- und Trutzbundes, der binnen weniger Monate auf 300 000 Mitglieder anschwoll und einen extremen Antisemitismus vertrat. Als der Verband 1922 nach dem Mord an Außenminister Walther Rathenau verboten wurde, unterzeichnete Konstantin von Gebsattel einen Aufruf an die Mitglieder, sich der Partei Hitlers anzuschließen.[35] Hermann von Gebsattels rechtsextreme Vereinskarriere war unterdessen eher lokaler Natur: Er findet sich vor 1914 im Vorstand des Bamberger Wehrkraftvereins, der sich »der vormilitärischen und nationalistischen Indoktrination der Jugend« widmete.[36] Dort saß er übrigens neben dem jüdischen Kommerzienrat Benno Lessing – ein vielleicht gar nicht so unpassendes Symbol für die politischen Verirrungen des Gründungsvorsitzenden.[37]

Anfang mit Elan

Wenn ein Staatsminister eine Kommission ins Leben ruft, ist das nicht unbedingt ein Garant für hektische Aktivitäten. Die Kommission für Vogelschutz wurde jedoch gleich nach ihrer Gründung zum Mittelpunkt eines Netzwerks, das sämtliche Aktivitäten des damaligen Vogelschutzes abdeckte: von einer intensiven Aufklärungsarbeit über die Verbreitung von Nisthilfen bis hin zur Kontrolle durch die Polizeibehörden. Das hatte viel mit der energischen Leitung der Kommission zu tun, aber auch mit der Sympathie für ihre Mission in allen Teilen des Königreichs. Schon in der Gründungssitzung hatten die Teilnehmer eine Fülle von Vorschlägen geäußert, und die förmliche Explosion der Aktivitäten wäre durch die dünn besetzte Geschäftsstelle allein wohl kaum zu realisieren gewesen.[38] Offenkundig war die Zeit für eine solche Initiative reif gewesen, und in der Euphorie des Anfangs formulierte Karl Haenel sogar einen regelrechten Totalitätsanspruch, nach dem der Vogelschutz nun »mit Hilfe sämtlicher Behörden und aller Interessentenkreise systematisch wirklich im ganzen Lande durchgeführt werden« sollte: »Ganz Bayern« sollte nach Haenel »mit einem förmlichen Netz von Vogelschutzanlagen und Stationen überzogen werden«, Wälder und Fluren »mit einer genügenden Zahl von Nisthöhlen durchsetzt sein«, dank Winterfütterung jeder bayerische Vogel »einen gedeckten Tisch finden«, die Bevölkerung »über die große Wichtigkeit und die volkswirtschaftliche Bedeutung des Vogelschutzes eingehend aufgeklärt werden«. In einem Satz: »Das ganze Land soll an den Maßnahmen für Vogelschutz sich beteiligen.«[39]

Das Ideal einer bayerischen Gesellschaft, die sich einmütig zum Vogelschutz bekennt, blieb zwar einstweilen eine Utopie, aber bemerkenswert waren die Ergebnisse der Kommission durchaus. Schon im April 1911 berichtete Gebsattel von tatkräftiger Unterstützung an allen Fronten: Forstbehörden, Eisenbahn- und Militärverwaltung kooperierten bereits mit der Kommission, die Landwirtschaftslehrer unterstützten das Anliegen ebenfalls nach Kräften, und mit der Zeitschrift *Tierfreund* hatte sich die Kommission auch ein eigenes publizistisches Sprachrohr als »Agitationsmittel« gesichert.[40] Gebsattel und Haenel waren nach Seebach gepilgert, um dort mit Berlepsch regelmäßige Schulungen von Forstbeamten und Landwirtschaftslehrern zu vereinbaren. Ein von Haenel verfasstes Buch über den bayerischen Vogelschutz wurde Berlepsch »zur Begutachtung« vorgelegt.[41] Die erwähnte Initiative des Vereins für Vogelschutz, in Bayern eine Fabrik für Vogelschutzbedarf aufzubauen, wurde kurzerhand übernommen, und bald produzierte die Firma Peter Demmel in Moosach bei Grafing Vogelschutzgeräte »streng nach Berlepsch'schen Grundsätzen«.[42] Schon im Frühjahr 1912 konnte Demmel die Auslieferung von 80 136 Nisthöhlen Marke Berlepsch, 3295 Futterhölzern, 2088 Futtergeräten und 275 Futtersteinen vermelden.[43] Die Firma blieb auf Jahrzehnte der Hauslieferant des bayerischen Vogelschutzes.

Die Aufklärung der breiten Öffentlichkeit lief ebenfalls auf Hochtouren. Schon nach einem Jahr hatte die Kommission 122 000 kostenlose Broschüren verteilt.[44] Auch das Münchner Oktoberfest wurde als Bühne für den Vogelschutz genutzt. Auf der Hundertjahrfeier des Central-Landwirtschaftsfestes war die Kommission mit einer üppig dimensionierten Ausstellung vertreten.[45] Zugleich zeigte man überregional Flagge, im Mai 1910 reisten etwa Gebsattel, Muschner und Haenel gemeinsam zum ersten Deutschen Vogelschutztag nach Berlin.[46] Im Juli 1912 erwähnte der Tätigkeitsbericht 51 Vorträge des Vorsitzenden und anderer Kommissionsvertreter, zudem gab es Ausstellungen in den Tiergärten von München und Nürnberg sowie auf Schloss Ludwigshöhe in der Rheinpfalz.[47] 1913 versandte die Kommission ein von einem Künstler gestaltetes Vogelschutzplakat an alle 1360 Bahnstationen des Königreichs.[48]

Das öffentliche Interesse zeigte sich auch darin, dass zahlreiche Gemeinden der Kommission als zahlende Mitglieder beitraten. Schon 1912 hatten sich 1143 Gemeinden und 151 von 163 Bezirksämtern der Kommission angeschlossen.[49] Mindestens ebenso wichtig waren die Vertrauensmänner in allen Teilen des Landes. Im Oktober 1910 hatte Gebsattel die Bezirksämter per Rundschreiben aufgefordert, ornithologisch interessierte Personen in ihren jeweiligen Ortschaften ausfindig zu machen.[50] Anderthalb Jahre später konnte die Kommission bereits die stolze Zahl von 1471 Vertrauensmännern anführen, die die Kommissionsarbeit vor Ort unterstützten.[51] Gewiss verbarg sich dahinter eine enorme Spannbreite von Qualifikationen und Graden des Engagements, aber immerhin konnte die Kommission zur selben Zeit vermelden, dass schon 53 »bayerische Herren« zur Schulung in Seebach gewesen waren.[52] Hinzu kamen Schulungen im Königreich selbst, die seit dem Winter 1911/12 in den »Muster- und Lehrstationen« in Bamberg, Kelheim und Deidesheim in der Pfalz angeboten wurden.[53] Außerdem kooperierte die Kommission mit einer Vogelschutzstation, die der Großgrundbesitzer Karl August von Schmieder im niederbayerischen Steinach auf eigene Kosten unterhielt.[54]

Angesichts dieser vielfältigen Aktivitäten ist es fast nicht mehr verwunderlich, dass die Agenda des Verbandes rasch über die begrenzte Aufgabenstellung des Freiherrn von Berlepsch hinauswuchs. Schon der Tätigkeitsbericht vom Juli 1912 enthielt in dieser Beziehung eine gewisse Distanzierung: »Es muß ganz entschieden der Ansicht entgegengetreten werden, daß irgend ein Vogel nur schädlich ist. Es muß der Unterschied zwischen nützlichen und schädlichen Vögeln aus der Welt geschafft werden. Das Urteil über Nützlichkeit oder Schädlichkeit darf nur in Bezug auf die irgendwo bestehenden speziellen Verhältnisse abgegeben und nur hiernach dürfen die entsprechenden Gesetze und Verordnungen gestaltet werden.«[55] Der Vogelschutz solle »das sichtbare Leben in der Natur vermehren, unsere Gefilde mit dem Gesang und dem Flug der Vögel beleben«, erklärt der Bericht an anderer Stelle. Dadurch werde der Vogelschutz »zum Natur- und Heimatschutz« und werde »als solcher einwirken auf das Gemüt der Bevölkerung«.[56] Allerdings darf diese programmatische Erweiterung nicht darüber hinwegtäuschen, dass die Kerntruppen des bayerischen Vogelschutzes weiterhin in der Land- und Forstwirtschaft zu finden waren. Das zeigte sich mit besonderer Deutlichkeit, als die Kommission zur selben Zeit die Teilnehmer ihrer Schulungen bilanzierte. Die stärksten Fraktionen waren die Forstbeamten mit 292 Teilnehmern und »in oder für die Landwirtschaft tätige Persönlichkeiten« mit 290 Teilnehmern, alle anderen Teile der Gesellschaft waren dagegen vergleichsweise schwach vertreten: 43 Personen stammten aus anderen Bereichen der Verwaltung, 51 waren Personen des »Lehrfachs« (darunter vier Hochschulprofessoren), 17 arbeiteten bei der Polizei, und 10 waren Pfarrer.[57]

Bei allen landesweiten Aktivitäten vergaß Gebsattel jedoch auch nicht den lokalen Vogelschutz und unterstützte das Aufhängen von Nistgelegenheiten im Bamberger Hain.[58] Das Projekt war anscheinend erfolgreich, denn im Herbst 1911 berichtete Gebsattel, dass im Hain volle 90 Prozent der Nisthöhlen besetzt seien.[59] Nach einem weiteren Jahr zeigte sich Gebsattel zuversichtlich, dass Bamberg durch die gute Zusammenarbeit zwischen Kommission und Stadtmagistrat zu einem Musterort des Vogelschutzes werden könnte. Dabei blendete Gebsattel allerdings freundlich aus, dass er vor Ort auch die Probleme zu spüren hatte, mit denen sich der Vogelschutz in seiner Alltagsarbeit herumschlagen musste. Bereits nach einem halben Jahr beschwerte er sich über den Diebstahl von Nistgelegenheiten im Bamberger Hain, forderte eine bessere Polizeiüberwachung, eine Flugblatt- und Schulkampagne und eine bessere Überwachung des Vogelhandels und lobte schließlich für jede Anzeige eine Prämie von fünf Mark aus.[60] Ein paar Monate später ergänzte er seine Forderung durch den Hinweis, es bedürfe vor allem einer gründlichen »Überwachung der Halberwachsenen«.[61] Gelöst wurde das Problem in der Folge freilich nicht. Als Gebsattel dem Staatsministerium für Finanzen Anfang 1914 die Rechnung für 2100 Nisthöhlen präsentierte, die er im Hauptsmoorwald östlich von Bamberg hatte aufhängen lassen, musste er mit Bedauern berichten, dass einige der Nisthöhlen bereits durch »rohe Burschen« zerstört worden waren.[62]

Zugleich erfuhr Gebsattel in Bamberg auch, dass es gelegentlicher Ausnahmen von den gesetzlichen Bestimmungen bedurfte. Im Dezember 1910 beantragte er nämlich die Genehmigung zum Abschuss von Amseln, da sich diese auf seinem landwirtschaftlichen Anwesen zu sehr breit machten und andere Vogelarten vertrieben: »Als Vorsitzender der staatlich autorisierten Vogelschutzkommission bin ich wohl über dem Verdacht erhaben, dass ich von der erbetenen Erlaubnis irgendwie Missbrauch mache.«[63] Von der

Flexibilität, die Gebsattel hier als Privatperson reklamierte, war in der Kommissionsarbeit freilich wenig zu spüren. Offiziell pochte sie nachdrücklich auf einen systematischen Vollzug und eine strenge Auslegung der Vorschriften. »Noch nicht richtig in Fleisch und Blut übergegangen ist sowohl bei der Bevölkerung wie bei den betreffenden Polizeiorganen das Vogelschutzgesetz«, klagte die Kommission im April 1911.[64] Im September dieses Jahres versandte Gebsattel deshalb eine zweiseitige Broschüre »für die Gendarmerie und die Polizeiorgane«, in der das geltende Recht in kompakter Form erläutert wurde. Am Ende gab die Kommission der Hoffnung, dass »die dort niedergelegten Bestimmungen strenge durchgeführt werden«, auch mit finanziellen Anreizen Nachdruck: »Die staatlich autorisierte Kommission – der Landesverband – für Vogelschutz in Bayern zahlt für erfolgreiche Anzeigen von Übertretungen des Vogelschutzes Prämien.«[65] Eine ähnliche Notiz hatte Gebsattel schon im Mai 1911 im *Tierfreund* veröffentlicht.[66]

Es hätte freilich schon eines sehr peniblen Beamten bedurft, um mit diesen Prämien ein Geschäft zu machen. Die finanzielle Situation der Vogelschutzkommission gestaltete sich nämlich als außerordentlich prekär. Für das Jahr 1910 hatten das Staatsministerium des Innern und die Forstabteilung des Finanzministeriums nur jeweils 3000 Mark für die Kommissionsarbeit bewilligt.[67] Dass dies allein für eine geregelte Kommissionsarbeit nicht ausreichen würde, stand sogar im Amtsblatt der Staatsregierung, das deshalb sogleich von der Bekanntmachung der Kommission zum Werben um Spenden überleitete.[68] Erst als die Regierung einige Lotterien genehmigte, deren Reingewinn in die Kommissionsarbeit floss, trat eine gewisse finanzielle Entspannung ein.[69] Trotzdem musste die Kommission, deren Jahresetat sich bei 30 000 Mark einpendelte, auch in den folgenden Jahren um Zuschüsse werben, so etwa im August 1913 bei der Regierung von Niederbayern: Die vier Mitarbeiter der Kommission seien notorisch überarbeitet, und die bisherige Personaldecke müsse deshalb »entschieden beibehalten werden«.[70]

Das eigentliche Kapital der Kommission waren ihre zahlreichen Freunde, und zu diesen gehörte im königlichen Bayern auch das Herrscherhaus. Das dokumentierte sich nicht nur darin, dass sich auch die Hofgartenverwaltung in den Reigen der freundlich kooperierenden Behörden einreihte.[71] Die Beziehung war auch ganz persönlicher Natur: »Seine königliche Hoheit der Prinzregent hat für die Organisation des Vogelschutzes eine beträchtliche Geldsumme überweisen lassen«, hieß es stolz im Tätigkeitsbericht vom Juli 1912, der auch von vogelfreundlichen Maßnahmen in den Schlossgärten von Nymphenburg, Schleißheim und Veitshöchheim sowie in Leutstetten berichten konnte. Die Insel Herrenchiemsee wurde von der Administration des königlichen Vermögens zur Verfügung gestellt, »um dort eine Vogelreservation zu schaffen«.[72] Die guten Beziehungen zu den Wittelsbachern überdauerten sogar deren Abdankung. Noch 1930, als der Verband mit der Gemeinde Garmisch über eine Vogelwarte verhandelte, ließen die Vogelschützer ihre Beziehungen zum Prinzen Alfons von Bayern spielen, der dann gnädigst über das Hofmarschallamt mitteilen ließ, eine solche »gemeinnützige Einrichtung« werde Garmisch »zu Ehre und zum Vorteil« gereichen.[73]

Gewiss hatte die Kommission in ihren ersten Jahren auch Rückschläge zu verzeichnen. Der *Tierfreund*, der sich im Untertitel als »Organ der staatlich autorisierten Kommission für Vogelschutz in Bayern« zu erkennen gab, stellte Ende 1911 nach nur 14 Ausgaben sein Erscheinen wieder ein, sodass die Kommission ohne die erhoffte Hauszeitschrift blieb.[74] Auch im Konflikt mit den Käfigvogelhaltern blieb der Kommission ein durchschlagender Erfolg versagt.[75] Ebenso wurde die Idee einer Jugendliga nach ungarischem Vorbild, die Gebsattel vom Fünften Internationalen Ornithologen-Kongress 1910 mitbrachte, einstweilen nicht umgesetzt.[76] Insgesamt gesehen hatte die Kommission nach einigen Jahren der Tätigkeit dennoch Grund zur Zufriedenheit. »Die Organisation des Vogelschutzes im Königreich hat jetzt eine entschieden bestimmte und feste Gestalt angenommen«, verkündete Gebsattel im August 1913.[77] Noch vollmundiger äußerte er sich im März 1914 in einem Brief an die Bayerische Gesandtschaft in Italien: »Bayern geht in dieser Sache vorn, das übrige Deutschland wird dann schon folgen.«[78] Offenbar erwartete Gebsattel, dass nun auf die hektischen Jahre des Aufbaus eine ruhigere Phase der geordneten Arbeit auf hohem Niveau folgen würde. Es sollte anders kommen.

Von Katzen und Italienern

Als das Staatsministerium des Innern im November 1909 zu der folgenreichen Sitzung einlud, betonte es besonders die »Schädigungen, welche den Vögeln durch Entziehung ihrer natürlichen Lebensbedingungen zugefügt werden«.[79] Gleich am Anfang war also schon ein Bewusstsein erkennbar, dass man Vogelschutz nicht isoliert betreiben konnte: Es ging hier zugleich um die Veränderung der deutschen Kulturlandschaft im Übergang zur Industriemoderne. Die damit gegebene Breite von Aufgaben und Problemen darf freilich nicht darüber hinwegtäuschen, dass die Vogelschutzbewegung auch ganz konkrete Feinde ihrer Bestrebungen kannte. Man kämpfte nicht nur gegen einen anonymen Wandel der bayerischen Natur, sondern auch gegen spezifische Gegner, die die eigene Arbeit konterkarierten. Neben den erwähnten »rohen Burschen«, die Vogelschutzeinrichtungen mutwillig zerstörten, waren es vor allem zwei Feindbilder, die der bayerische Vogelschutz über Jahrzehnte mit Hingabe pflegte: die Katze und der Italiener. In beiden Fällen gab es tatsächlich Grund zur Verärgerung. Der Singvogelfang in Italien war keineswegs eine Legende, und gewiss musste es einen Vogelfreund schmerzlich berühren, eine Katze auf Vogeljagd zu beobachten. Doch wuchs die Diskussion über beide Feinde des Vogelschutzes rasch über diese legitimen Motive hinaus und entwickelte ein unheimliches Eigenleben. Es schien, als sei im Kampf gegen Katzen und Italiener jedes Mittel recht.

Schon in der Gründungssitzung hatte Georg Muschner lebhaft »das Überhandnehmen wildernder Katzen« beklagt, dem »nur durch polizeiliche Vorschriften oder Einführung einer Katzensteuer entgegengewirkt werden« könne.[80] Mit solchen Forderungen standen die bayerischen Vogelschützer auch keineswegs allein. Voller Befriedigung notierte Gebsattel in seinem Bericht über den Berliner Vogelschutztag, dass dort die Einrichtung einer »Kommission zur Lösung der Katzenfrage« beschlossen worden war, die »bis Frühjahr 1911 bestimmte Vorschläge zu machen hat«; in diesem Beschluss sah Gebsattel sogar »einen Hauptererfolg der dortigen Beratungen«.[81] Ausführlich diskutierte Berlepsch in seinem Buch *Der gesamte Vogelschutz* – eine Art Bibel des deutschen Vogelschutzes, die zugleich in französischer, italienischer, schwedischer, russischer, finnischer und niederländischer Sprache erschien –, wie man streunende Katzen mit einer Kastenfalle fangen und anschließend töten konnte. Für Letzteres empfahl Berlepsch vor allem das Ertränken, nicht ohne zu erwähnen, dass »der etwas rauher veranlagte Mensch sich wohl meist des allgemein üblichen Fangsackes bedienen [werde], mittels dessen man jedes gefangene Tier durch einmaliges heftiges Aufschlagen auf die Erde auch rasch und schmerzlos töten kann«.[82] Für »schwach benervte Menschen, die dieserhalb, so gern sie auch dem Vogelschutz dienen möchten, vom Fangen der Katzen überhaupt ganz Abstand nehmen«, zeigte er wenig Verständnis.[83]

Vor martialischen Formulierungen schreckte Berlepsch keineswegs zurück: »Gegen alle ausserhalb der Gebäude herumlungernden Katzen der schonungsloseste Vernichtungskrieg!«[84] Dagegen wirkten die Forderungen des zweiten Deutschen Vogelschutztages in Stuttgart 1911 fast schon wieder moderat. In einer Eingabe an Reichskanzler und Bundesrat forderten sie ein Verbot des Streunens auf fremdem Grund von März bis September. Verbotswidrig streunende Katzen sollten aufgegriffen und getötet werden dürfen, nur bei gekennzeichneten Hauskatzen sollte dem Eigentümer eine Frist von drei Tagen gewährt werden, in der man die Katze »gegen Erlegung eines Fanggeldes und der Futterkosten einlösen« konnte.[85] Daneben hatte der bayerische Vogelschutz aber auch die prophylaktische Verminderung des Katzenstandes im Blick, wie die folgende Formulierung aus der erwähnten Broschüre für Gendarmerie und Polizeiorgane zeigt: »In Bezug auf die Katzen wäre zu erwähnen, daß sie Haustiere und nur in Haus und Hof von Nutzen sind. Ihre zu große Vermehrung wird eingeschränkt, wenn von jedem Wurf nur eine Katze aufgezogen und die andern sofort nach der Geburt mit einem Schlag auf den Kopf getötet werden.«[86]

Nicht minder erregt wurde unter Vogelschützern über die vogelfangenden Italiener diskutiert. Die Heftigkeit der Emotionen lässt sich schon daran erkennen, dass Gebsattel bereits im Mai 1910, als das Arbeitsprogramm der Kommission noch deutlich in der Entwicklung war, in einem Rundschreiben auf eine scharfe Verfolgung einschlägiger Vergehen drängte. Zwar sei seine Kommission »noch zu kurz tätig, um einschlägiges, genaues Material vorlegen

Kastenfalle aus Zement.

Zu dieser Falle für streunende Katzen bemerkte Hans Freiherr von Berlepsch, »die Fangergebnisse« seien »ganz vorzüglich, was ich hauptsächlich dem Umstande zuschreibe, dass das Raubgesindel heutzutage an Zementrohre allenthalben gewöhnt ist.« (Berlepsch, *Der gesamte Vogelschutz*, S. 110).

und detaillierte, den lokalen Verhältnissen angepasste Vorschläge unterbreiten zu können«, aber die Dringlichkeit des Problems duldete keinen Aufschub: »In einzelnen Gegenden soll durch dieses Verhalten der Italiener bereits eine Abnahme der Vögel bewirkt worden sein«, schrieb Gebsattel und forderte, das gesetzlich zulässige Strafmaß von 150 Mark Strafe und sechs Wochen Haft voll auszuschöpfen.[87] Auch in der Folgezeit blieb »der Massenmord in Italien« ein stehender Topos, und man muss es schon als Zeichen der Mäßigung betrachten, dass gelegentlich die Proportionen zurechtgerückt wurden: »Die bei uns wildernden und streunenden Katzen vernichten weit mehr Vögel als die Italiener oder sonst jemand in den südlichen Ländern.«[88] Noch 1958 erwirkten Vogelschützer einen einschlägigen Beschluss des bayerischen Landtags: »Die Staatsregierung wird ersucht, über die Bundesregierung bei der italienischen Regierung dahingehend vorstellig zu werden, dass das Einfangen und Töten von Singvögeln (Zugvögeln) in Italien verboten wird.«[89] Ministerpräsident Hanns Seidel verweigerte sich dem Ansinnen unter Verweis auf die italienische Souveränität.[90]

Einen gespenstischen Höhepunkt erreichte diese Diskussion im Ersten Weltkrieg. Seit Mai 1915 waren die »vögelmordenden Italiener« zugleich Kriegsgegner, und das bot den Vogelfreunden eine willkommene Gelegenheit, sich in die ohnehin längst entgrenzte deutsche Kriegszieldebatte einzuklinken. Konnte ein Sieg über die Italiener nicht vielleicht ganz neue Möglichkeiten des Vogelschutzes eröffnen? »Mit Wehmut und Erbitterung haben schon seit vielen Jahren Natur- und Vogelfreund die allbekannte Tatsache hinnehmen müßen, daß unter dem schönen Himmel Italiens die Vogelwelt nutzlos und in übermäßig scharfer Weise bekämpft, gequält und vernichtet wird«, klagte der Verein für Vogelschutz in Bayern im August 1915 in einem Brief an die Staatsregierung, nicht ohne sich der völkerpsychologischen Stereotype des Weltkrieges zu bedienen: »Grausamkeit gegen die Tierwelt ist ein übler Charakterzug eines Volkes.« Am Ende stand die Bitte, »daß bei den seinerzeit festzulegenden Friedensbedingungen auch des künftigen Schutzes der Tier- und insbesondere der Vogelwelt in Italien gedacht werde«.[91] Im August 1917 zeitigte die Initiative, die auch von der bayerischen Vogelschutzkommission unterstützt wurde, einen ersten Erfolg. Die Reichskanzlei willigte ein, die Forderungen des Vogelschutzes nach einem siegreichen Ende des Krieges als Ergänzung der Pariser Konvention von 1902 zu verankern.[92]

Zwischenbetrachtung
Wo sind die Frauen?

Für das erste halbe Jahrhundert war der Vogelschutz in Bayern Männersache. Das war damals in der politischen Sphäre nicht ungewöhnlich, aber wenn man auf den Schutz der Vögel in anderen Ländern schaut, findet man auffallend häufig Frauen in zentralen Funktionen. Lina Hähnle wurde als Begründerin und langjährige Vorsitzende des Bundes für Vogelschutz bereits erwähnt. In den USA wurde die Audubon Society wesentlich von Frauen gegründet, und ähnlich war es bei der Entstehung der britischen Society for the Protection of Birds, die sich seit 1904 Royal Society nennen durfte. Dort gab seit 1891 mit Winifred Duchess of Portland eine Frau als Präsidentin, die das Amt mehr als sechs Jahrzehnte lang bis zu ihrem Tod 1954 innehatte.[93] Das lag wohl auch darin begründet, dass der Kampf gegen die Federmode, ein Kernanliegen der frühen Vogelschutzbewegung, vor allem auf die Damenmode zielte. Der verbandliche Vogelschutz bot jedoch auch eine seltene Nische für Frauen, die sich nicht auf häusliche Pflichten beschränken lassen wollten. Vor 1970 fand man in keinem anderen Bereich des Natur- und Heimatschutzes so viele Frauen in führenden Positionen.

Frauen waren im bayerischen Vogelschutz nicht grundsätzlich unerwünscht. Der Tätigkeitsbericht der Vogelschutzkommission vom Juli 1912 erwähnte, dass sich unter den 787 Personen, die in den vorangegangenen zwölf Monaten an einer der 19 Schulungen teilgenommen hatten, auch 41 Frauen befanden.[94] In privaten Vereinen konnte es jedoch Freiräume für energische Frauen geben, die in einer staatlich autorisierten Kommission im königlichen Bayern nicht existierten. Hinzu kam das jahrzehntelange Schwergewicht in der Land- und Forstwirtschaft, die den Vogelschutz zu einer praktisch unangefochtenen Männerdomäne machte, und das blieb nicht ohne Folgen für Selbstverständnis und Auftreten. Hinter der martialischen Rhetorik der NS-Zeit steckte wohl auch eine Männerriege, in der weibliche Empathie als Schwäche galt, und Otto Henzes autoritäres Regiment wurde zweifellos durch eine maskuline Verbissenheit befeuert.

Es hatte deshalb eine gewisse Symbolkraft, dass im Jahr 1959, in dem Henze als Leiter der Vogelschutzwarte abgesetzt wurde, mit Maria Lenk und Gertrud Lethaus gleich zwei Frauen in den Vorstand des LBV gewählt wurden. Lenk und Lethaus waren Hauswirtschaftsoberlehrerinnen, ein Beruf, der nicht unbedingt zur Speerspitze der Frauenemanzipation zu rechnen war, aber zwei Frauen im Vereinsvorstand waren schon bemerkenswert zu einer Zeit, als es noch keine einzige weibliche Bundesministerin gab.[95] Etwas später war die einzige Angestellte der Geschäftsstelle eine Sekretärin namens Biedermann, nach Einhard Bezzels Erinnerung »eine gescheite Frau«, »die Seele des Unternehmens« und »Mutter der Kompanie«.[96] Die stärkste Frau des bayerischen Naturschutzes fand sich damals jedoch beim Bund Naturschutz, wo die Geologin Edith Ebers von 1947 bis 1951 als Schriftführerin dem Vorstand angehörte und dann von 1954 bis 1970 im Ausschuss saß.[97] Ebers hatte 1947 einen Essay unter dem Titel *Neue Aufgaben der Naturschutzbewegung* veröffentlicht, eines der anrührendsten Dokumente der deutschen Naturschutzgeschichte: »Der katastrophale Zusammenbruch, den unser staatliches und volkliches Dasein erlitten hat, läßt erahnen, dass auch hier, in unserer Naturbeziehung, irgend etwas nicht mehr in Ordnung war«, schrieb Ebers.[98] Die Herren, die seinerzeit im deutschen Naturschutz den Ton angaben, setzten währenddessen ungeniert auf Restauration.

In ökologischen Zeiten gab es für Männer einen besonderen Weg zum LBV in Form des Zivildienstes, der dem Verband über Jahrzehnte einen stetigen Strom junger Erwachsender bescherte. In den achtziger Jahren, als der Kreis der Mitarbeiter noch überschaubar war, fielen die Zivildienstleistenden auch zahlenmäßig ins Gewicht, und außerdem entdeckten junge Männer auf diesem Wege eine berufliche Perspektive, die seinerzeit noch nicht so augenfällig war wie heute. Zu den Männern, die ihren Zivildienst im LBV ableisteten, gehörten der heutige Vorsitzende Norbert Schäffer und die beiden Geschäftsführer Helmut Beran und Alf Pille. Schäffer wurde während seiner Zeit als »Zivi« zum Ersten Vorsitzenden der Landesjugend gewählt (offiziell durften Zivildienstleistende nur bestimmte Aufgaben wie Pflegearbeiten übernehmen, aber junge Leute haben ja manchmal ihren eigenen Kopf), die Zweite Vorsitzende war jedoch mit Sabine Schwarz eine Frau, und inzwischen sind etwa zwei Drittel der Belegschaft des LBV weiblich. Außerdem sind wohl auch die Zeiten vorbei, in denen man beim *Diversity Management* nur an Frauen denken muss.

Vor dem Hintergrund der Gesamtgesellschaft fällt beim deutschen Naturschutz vor allem das weitgehende Fehlen von Migranten auf. Die Umweltstation Lindenhof am Stadtrand von Bayreuth betreibt schon seit 2007 Umweltbildung mit bildungsfernen Schichten und Migranten und wurde dafür mit dem Umweltpreis der Bayerischen Landesstiftung ausgezeichnet, und bei der Vogelstation des LBV in Regenstauf wurde der Umbau 2016 von einer Klasse des Berufsförderzentrums in Schwandorf unterstützt, die auch von unbegleiteten minderjährigen Flüchtlingen besucht wurde, aber das sind letztlich nur erste Schritte zum Schließen einer Lücke, die den Naturschutz noch einige Zeit beschäftigen wird.[99] Die Klimaszene ist längst durch und durch international, aber Arten- und Biotopschutz, wie ihn der LBV betreibt, baut auf einer Vertrautheit und Verbundenheit mit der heimatlichen Natur auf, die nicht einfach über Nacht entsteht.

Die Naturschutzbewegung war nie ein repräsentativer Querschnitt der deutschen Bevölkerung, und das lässt sich nicht einfach per Vorstandsbeschluss ändern. Das Rotationsprinzip hat in Umweltkreisen seine Magie verloren, seit sich die Grünen damit in den achtziger Jahren in heftige Turbulenzen schaukelten, und über die Doppelspitze, die heute bei den Grünen üblich ist, kann man im LBV nur müde lächeln. Für ein Dutzend Jahre hatte der Verband einen Dreiervorstand, dem aber kaum jemand nachtrauerte, als Ludwig Sothmann 1978 als alleiniger Vorsitzender das Ruder übernahm. Letztlich kommt es wohl weniger auf die nackten Zahlen an – engagierte Ehrenamtliche wachsen schließlich nicht auf Bäumen – als darauf, Fragen nicht nur aus der Perspektive erwachsener deutscher Männer zu stellen und zu beantworten. Die LBV-Strategie 2020 spricht zwar durchgängig von Naturfreundinnen und Naturfreunden, denkt jedoch bei der Diversität immer nur an die natürliche Umwelt. Aber das soll ja nicht das letzte Unternehmen seiner Art bleiben.[100]

II.
Krisenjahre
1914–1933

Eine jähe Zäsur: Erster Weltkrieg und Nachkriegsnöte

Wie für die meisten zivilgesellschaftlichen Bestrebungen bedeutete der Ausbruch des Ersten Weltkrieges im August 1914 eine plötzliche Unterbrechung der laufenden Arbeit. »Es ist selbstverständlich, dass in der herrschenden Kriegszeit der Vogelschutz wie vieles andere Nützliche durch die Verhältnisse gezwungen zurückstehen muss«, schrieb Gebsattel bereits im Oktober 1914, als sich gerade erst anzudeuten begann, wie lange der Krieg vielleicht dauern würde.[1] Als Haenel im April 1915 zur Besichtigung einer Vogelschutzanlage einlud, war er bereits gezwungen, seine Zeit zwischen der Vogelschutzarbeit und dem Lazarettdienst aufzuteilen.[2] Wenig später wurde er ebenso wie die Vogelwarte aus Kelheim und der Pfalz zum Kriegsdienst eingezogen, sodass nur noch der Vogelwart Kroner in Bamberg, ein früherer Gutsverwalter, für die Verwaltungsarbeit zur Verfügung stand.[3] Ende 1917 wurde schließlich auch der letzte verbliebene Vogelwart an die Front geschickt.[4]

Gebsattel selbst musste nicht in den Krieg ziehen und verlegte sich unter den gegebenen Umständen darauf, zumindest ein gewisses Aktivitätsniveau zu bewahren. »Die Organisation des Vogelschutzes im Königreich Bayern steht jetzt nicht nur in Deutschland, sondern wohl in allen Kulturländern an erster Stelle. Die angebahnten Massnahmen dürfen nicht unterbrochen werden«, beschwor er 1915 in einem der üblichen Bettelbriefe an die Behörden.[5] Anfang 1916 klagte Kroner über die stark gestiegenen Preise für Hanfsamen, was aber immerhin zugleich bewies, dass man die geliebte Winterfütterung selbst im dritten Kriegsjahr noch nicht vollständig aufgegeben hatte.[6] Ansonsten blieb nur die Hoffnung auf einen erneuten Aufschwung nach dem Ende des Krieges. Es sei »nötig, dass wir jetzt Tropfen für Tropfen zusammensammeln, um einesteils die bereits vor dem Kriege geschaffenen Vogelschutzmassnahmen zu erhalten und um dann nach dem Friedensschluss ohne zu starke plötzliche Belastung der einzelnen Interessenten das Nötige in die Wege leiten zu können«, schrieb Gebsattel im Sommer 1918 an den Bamberger Magistrat.[7]

Zu allem Überfluss musste die Vogelschutzkommission nun auch noch politische Kämpfe ausfechten, die man sich vor 1914 nie hätte vorstellen können. 1915 schlug Mecklenburg-Schwerin im Bundesrat vor, den Krammetsvogelfang wieder zu erlauben, um so die grassierende Nahrungsmittelknappheit zu lindern. Der von der Staatsregierung um Rat gefragte Gebsattel war zweifellos entgeistert, argumentierte aber betont pragmatisch: »Für die Volksernährung hat der Fang der Drosseln mittels Dohnenstiege äußerst geringen Wert.«[8] Bayern stimmte in der Folge gegen die Vorlage, was die Suspendierung des Verbots allerdings nur um zwei Jahre verschob.[9] Die erwähnte Debatte über den Friedensvertrag mit Italien wirkt vor diesem Hintergrund eher wie das Pfeifen im finsteren Wald.

Nach dem Krieg hatte die Kommission einen neuen Namen. Anfang Oktober 1917 hatte das *Gesetz- und Verordnungsblatt für das Königreich Bayern* verkündet, dass das Gremium im Rahmen einer allgemeinen Verwaltungsreform in »Ausschuss für Vogelkunde« umbenannt würde.[10] Das wurde nur teilweise umgesetzt, und so war seither vom »Staatlich anerkannten Ausschuss für Vogelschutz in Bayern« die Rede. Wichtiger waren die landschaftlichen Verheerungen im Gefolge des Weltkrieges. Das Vogelschutzgebiet im fränkischen Fischstein, von Haenel vor dem Krieg mustergültig ausgebaut, war 1919 durch Vernachlässigung und Krieg so weit heruntergekommen, dass Haenel den Aufbau einer neuen Station an anderer Stelle empfahl.[11] Zudem entzog sich mit der Rheinpfalz ein Landesteil, der vor 1914 in besonderem Maße im Blick des bayerischen Vogelschutzes gelegen hatte, durch die französische Besatzung dem Wirken des Ausschusses. »Vor dem Kriege war es die Pfalz, die in der Vogelschutzsache weitaus an der Spitze marschierte, hatten wir ja doch dort eifrige, viele und warme Gönner [...]. Der Krieg, die Besatzung, die Separatistenherrschaft und andere Greuel, Gefahren und Lasten, welche über unsere schöne Pfalz hereinbrachen, brachten die Vogelschutztätigkeit zum Stillstand«, klagte ein Teilnehmer der Ausschusssitzung vom März 1927. Erst in jüngster Zeit könne man »feststellen, daß der Vogelschutz auch in der Pfalz mit Macht wieder aus seinem Dornröschenschlaf erwacht«.[12] Dass der Ausschuss für Vogelschutz erst Ende 1920 zu seiner ersten Sitzung nach dem Krieg wieder zusammentrat, war mit Blick auf die triste Gesamtsituation fast schon konsequent.

Diese Sitzung stand auch deshalb im Zeichen der Krise, weil sie das Ende von Gebsattels Amtszeit als Vorsitzender markierte.[13] Die genauen Gründe für seinen Rückzug sind nicht vollständig zu klären, lagen aber offenkundig bei Gebsattel selbst. Eine im Staatsarchiv Bamberg verfügbare Familienchronik ergeht sich in Andeutungen über eine familiäre Krise[14], es ist aber auch denkbar, dass Gebsattel sich ganz auf seine politische Karriere konzentrieren wollte. Zwei Jahre nach seinem Rücktritt wurde sein Sohn Franz von Gebsattel im Alter von 33 Jahren zum Geschäftsführer der Gäa ernannt, eines süddeutschen Herrenclubs aus Adel und Großbürgertum, der vor allem hinter den Kulissen als Organisator und Financier antirepublikanischer Bestrebungen in Erscheinung trat.[15]

Sein Nachfolger wurde der Forstwissenschaftler Karl Leopold Escherich, der nach Stationen in Tharandt und Karlsruhe 1914 einem Ruf nach München gefolgt war. Er war der Vater der angewandten Entomologie in Deutschland und veröffentlichte von 1914 bis 1942 ein vierbändiges Opus magnum über *Die Forstinsekten Mitteleuropas*.[16] In den damaligen Wäldern, die oft im 19. Jahrhundert im Stile der Monokultur umgebaut worden waren, gab es gravierende Probleme mit Schadinsekten, deren Bekämpfung im Mittelpunkt der angewandten Entomologie stand. Vor diesem Hintergrund interessierte sich Escherich für Vögel, die schädliche Insekten vertilgten, auch wenn das für ihn letztlich nur eines von vielen Mitteln war. Escherich schrieb auch ein Buch über *Die Flugzeugbestäubung gegen Forstschädlinge*, das die »Arsenbestäubung mittels Flugzeug« als »eine sehr aussichtsreiche Methode« bezeichnete.[17] Nebenwirkungen trieben ihn bei diesem Projekt nicht sonderlich um. In seinen Erinnerungen mokierte sich Escherich über die »Arsenpsychose« der Menschen, über die »man beinahe einen Roman oder vielleicht auch eine Humoreske schreiben« könne.[18]

Seine Begeisterung für Arsen war nicht das Einzige, was man Escherich im Rückblick vorwerfen konnte. Er war auch ein früher Anhänger Hitlers und von 1921 bis 1923 Mitglied der NSDAP, und in dieser Zeit besuchte Escherich »mit dem kompletten Personal seines Forstwissenschaftlichen Instituts Hitler-Veranstaltungen«.[19] Um 1923 veröffentlichte Escherich eine Kampfschrift mit dem Titel *Der deutsche Wald und die feindlichen Mächte*, in der er von einem laufenden Angriff der Franzosen auf den deutschen Wald schwadronierte: »Ihr Ziel ist die Vernichtung und Zerschlagung Deutschlands, und auf diesem Wege scheint ihnen die Vernichtung des Waldes ein besonders gewichtiger Schlag zu sein.«[20] Nach der Machtergreifung wurde Escherich von 1933 bis 1935 der erste von den Nationalsozialisten eingesetzte Rektor der Ludwig-Maximilians-Universität.[21] Es gab in Deutschland nicht viele Ordinarien, die so früh und vorbehaltlos auf Hitler setzten, und seine Begeisterung ließ sich nach 1945 nur begrenzt kaschieren. Als ihn die Universität München im November 1946 fristlos entließ, schrieb Escherich zu seiner Verteidigung: »Seit 1925 war ich gegen die nationalsozialistische Richtung eingestellt.«[22]

Escherich war eine wissenschaftliche Koryphäe, aber als Vorsitzender des Ausschusses für Vogelschutz blieb er ausgesprochen blass. Escherich hat seine Amtszeit wohl auch rückblickend nicht für sehr wichtig gehalten. In seinen Erinnerungen kommt zwar der Vogelschutz vor, nicht jedoch seine Jahre als Vorsitzender.[23] Bezeichnenderweise hat sich im Rahmen der hiesigen Recherchen noch nicht einmal klären lassen, wann er eigentlich vom Vorsitz zurücktrat. Klar ist nur, dass die Schreiben des Ausschusses im November 1924 plötzlich aus Bayreuth kamen[24] – dort war Josef Neblich, der in der Sitzung Ende 1920 zum Zweiten Vorsitzenden gewählt worden war, Regierungsdirektor in der Forstverwaltung.[25] Seit 1925 zeichnete Neblich dann auch ganz offen als Vorsitzender. Da der Ausschuss zudem zwischen 1922 und 1924 nicht gerade durch übermäßige Aktivität auffiel, drängt sich mit Blick auf Escherichs Nähe zu den Nationalsozialisten ein Verdacht auf. Wahrscheinlich war er nach dem gescheiterten Hitlerputsch für die exponierte Stellung als Vorsitzender eines staatlichen Ausschusses untragbar geworden und durch Neblich aus dem fernen Franken ersetzt worden.

Für diese These spricht, dass sich Neblich vom Lebenslauf her nicht unbedingt wie ein geborener Ausschussvorsitzender präsentierte. Bayreuth lag zu allen Zentren der Vogelschutzarbeit ungünstig: zur Landeshauptstadt München, zu Kelheim und Landshut und auch zu Unterfranken, das in den zwanziger Jahren zu einem Kerngebiet des bayerischen Vogelschutzes wurde. Selbst Bamberg lag von Bayreuth 50 Kilometer Luftlinie entfernt. Neblich hatte 1910 als Forstrat in Speyer an einem Vogelschutzlehrgang in der Pfalz teilgenommen, und der Tätigkeitsbericht von 1912 erwähnte, er habe in der Pfalz »die Leitung der notwendigen Maßnahmen« mit »Energie« übernommen, aber er war gewiss nicht der Einzige, der in den lebhaften Anfangsjahren Engagement zeigte.[26] Sein Aufstieg zum Vorsitzenden fiel zudem mit seiner Pensionierung zusammen, was seinen Elan ebenfalls nicht spürbar beförderte.[27] Insgesamt wirkt in den zwanziger Jahren eher Haenel wie der starke Mann im bayerischen Vogelschutz. Es war allerdings auch kein beneidenswerter Job, in dieser Zeit Vorsitzender des bayerischen Vogelschutzausschusses zu sein. Die Aufgabe bestand nämlich im Wesentlichen in der Verwaltung des Mangels.

Im November 1924 war der Personalbestand des Ausschusses auf den Sachverständigen Haenel und einen Hilfsbeamten zusammengeschmolzen.[28] Diese dürftige Situation verschlechterte sich noch zusätzlich, als die Stelle des Landessachverständigen im Staatshaushalt 1924/25 als »künftig wegfallend« bezeichnet wurde und Haenel deshalb Anfang 1926 an das Forstamt Bamberg-Breitengüssbach versetzt wurde.[29] Gnädigerweise erklärte sich das Finanzministerium bereit, Haenel neben seiner Arbeit im Forstdienst »bis zur Höchstdauer von 30 Tagen im Jahre dem Ausschuß für Vogelschutz in Bayern zur Verfügung zu stellen«, allerdings unter denkbar restriktiven Bedingungen: Die »Überlassung« dürfe »nur in der betriebsruhigen Zeit erfolgen«, und eine »Verlängerung der Zeitdauer« kam »keinesfalls in Frage«.[30] Das lief faktisch auf eine Aufforderung zur Selbstausbeutung hinaus. Ein 1929 verfasster Tätigkeitsbericht konstatierte, dass Haenel »trotz fast täglicher Nachtarbeit die rechtzeitige Erledigung aller schriftlichen Eingänge und die Erfüllung aller Außendienstaufgaben unmöglich geworden« sei.[31] Ein Würzburger Vogelschutzinspektor, der dort eine rührige Außenstelle des Ausschusses unterhielt, verrichtete seine Arbeit sogar ganz ohne Bezahlung.[32]

Die finanzielle Misere hatte zur Folge, dass der Ausschuss erstmals eine gezielte Mitgliederwerbung betrieb. Entsprechend seiner staatslastigen Tradition dachte der Ausschuss dabei zunächst vor allem an die Gemeinden. Ende 1924 waren nur noch 928 Gemeinden des Freistaats zahlende Mitglieder des Ausschusses.[33] Zweieinhalb Jahre später war diese Zahl immerhin auf 2950 gestiegen, was bei einer Gesamtzahl von rund 8000 bayerischen Gemeinden allerdings noch Wünsche offen ließ. Trotz aller Aufklärungsarbeit galt der Ausschuss mancherorts immer noch als Privatverein.[34] Mit der Zeit erweiterte sich der Blick auch auf Privatpersonen, denen der Ausschuss – hier in seiner Inkarnation als Landesverband – diverse Druckschriften von Haenel oder eine Vogeltafel als »Werbegabe« offerierte. In »besonderen Fällen« lockte zudem ein »Ehrendiplom«.[35] 1929 gab ein Bericht ganz freimütig zu, dass »die Werbung von L. V.-Mitgliedern zur Geldbeschaffung nötig wurde«, nachdem das durch die Lotterien erworbene Verbandsvermögen von 64 000 Mark durch die Inflation wertlos geworden war.[36] Der Mitgliederboom dokumentierte sich auch in der Zahl der Ausschussmitglieder, die bis 1927 auf 41 angewachsen war; aus pragmatischen Gründen wurde »ein engerer Arbeitsausschuß gebildet«.[37] Überhaupt fällt auf, wie informell die organisatorischen Strukturen zu dieser Zeit noch waren. Vergeblich sucht man einen gesonderten Vorstand des Landesverbandes oder gar eine Mitgliederversammlung; der Landesverband war einfach »die Erweiterung des Vogelschutz-Ausschusses« – so eine Formulierung Haenels von 1927.[38] Formlos arbeitete der Ausschuss auch mit dem Landesauschuss für Naturdenkmalpflege zusammen, obwohl dieser seit 1918 eigentlich einem anderen Ministerium unterstand.[39]

So war es eine zutiefst ambivalente Bilanz, die der Ausschuss 1929 bei seinem zwanzigjährigen Bestehen präsentieren konnte. Einerseits hatte die bayerische Vogelschutzgerätefabrik nach zwei Jahrzehnten etwa eine Viertelmillion Nisthöhlen produziert, und Haenel allein kam in dieser Zeit auf 493 Vorträge mit rund 86 000 Zuhörern und 112 Kurse mit 7493 Teilnehmern. Andererseits erklärte der Ausschuss im selben Atemzug, es müsse »doch aufs Schwerste bedauert werden, wenn das in zäher, 2 Jahrzehnte langer Arbeit aufgebaute Werk nun sang- und klanglos wieder versinken müßte, weil die im Verhältnis zum erzielten Nutzen verschwindend geringen Betriebskosten nicht mehr aufgebracht werden könnten«.[40] Schon 1927 stand im Protokoll einer Ausschusssitzung die kryptische Formulierung: »Man würde es nicht verstehen, wenn diese erfolgreiche Einrichtung um weniger Tausend Mark willen plötzlich aufgegeben werden müßte, nachdem sie sogar die verhängnisvolle Inflationszeit noch zu überwinden vermochte.«[41] Es muss letztlich unklar bleiben, ob der Ausschuss in dieser Zeit tatsächlich seine Selbstauflösung erwog, aber die Bemerkungen lassen erahnen, welche nervliche Anspannung in der Führung des Ausschusses auch in jener Zeit existierte, die sonst eigentlich als die »Goldene Zeit« der Weimarer Republik galt. Im Vergleich mit der stolzen Kommission des Jahres 1914 war der Ausschuss in den späten zwanziger Jahren jedenfalls nur noch ein Schatten seiner selbst. Das galt auch in programmatischer Beziehung. Die Agenda, die der Ausschuss mit den verbliebenen Mitteln verfolgte, war nämlich spürbar enger als jene des Kaiserreichs.

Landwirtschaftlicher Vogelschutz

Vor 1914 hatte die Kommission begonnen, sich von den Begrenzungen des Berlepsch'schen Programms zu emanzipieren. Nach 1918 vollzog der Ausschuss in dieser Beziehung eine Rolle rückwärts: Nun stand der land- und forstwirtschaftlich ausgerichtete Vogelschutz mit seiner Unterscheidung von nützlichen und schädlichen Vögeln wieder ganz im Zentrum der Arbeit. Es ist durchaus symptomatisch, dass sowohl Escherich als auch Neblich aus dem Forstbereich kamen. Nachdem Gebsattel zunächst ein gewisses Gegengewicht gegenüber seinen Mitarbeitern gebildet hatte, unter denen von Anfang an die Forstleute dominierten, gab es nun auch an der Spitze eine klare waldwirtschaftliche Präferenz. Folgerichtig wurde die Zuständigkeit für den Vogelschutz vom Innenministerium auf das 1918 neu gegründete Ministerium für Land- und Forstwirtschaft übertragen, dem der Ausschuss nun administrativ zugeordnet war. Hinzu kamen die Nöte der Nachkriegsjahre. In einem Schreiben an das Landwirtschaftsministerium erklärte Escherich 1921, »dass der Vogelschutz heute in unserem verarmten, um seine Ernährung ringenden Lande in erster Linie auf die Hebung unserer Bodenkultur eingestellt werden muß, und dass dem gegenüber Gefühlsmomente, so traurig das ist, zurückzutreten haben«.[42] Haenel war als Landessachverständiger zur selben Zeit noch etwas vorsichtiger mit seiner Formulierung, es sei »leider nicht zu vermeiden, daß manchmal das rein Gefühlsmäßige *vorübergehend* zurücktreten« müsse, aber das macht im Rückblick keinen nennenswerten Unterschied.[43] Die »vorübergehende« Beschränkung auf wirtschaftlich lohnende Maßnahmen sollte für den bayerischen Vogelschutz bis in die sechziger Jahre prägend bleiben.

Ein solcher Vogelschutz war mit den Belangen des Natur- und Landschaftsschutzes nicht grundsätzlich unvereinbar. Vor allem beim Schutz der Hecken gab es gemeinsame Interessen, die umso wichtiger waren, als die Hecken im Zuge des agrarischen Wandels im 20. Jahrhundert immer mehr unter Druck kamen. »Die Frage der Heckenschonung ist nicht nur für den Vogelschutz, sondern wegen Erhaltung des Landschaftsbildes auch für den Natur- und Heimatschutz einschlägig. Hier wäre eine durchgreifende oberpolizeiliche Regelung dringendst geboten«, erklärten die Vogelschützer in einem Tätigkeitsbericht.[44] Allerdings war es doch bezeichnend, dass sich der Ausschuss gleich zu Beginn der zwanziger Jahre eine Kontroverse mit dem Landesausschuss für Naturpflege leistete. Gegenstand des Konflikts war die Anwendung von vergifteten Ködern zur Bekämpfung der Krähen, die der Landesausschuss für Naturpflege strikt ablehnte: »Selbst wenn die Giftbrocken von anderen Tieren als den Krähen nicht aufgenommen werden, so werden doch die verendeten, überall herumliegenden Krähen von anderen Tieren angegangen, die dadurch indirekt vergiftet und vernichtet werden«, betonten die Naturschützer und fügten an, es könne »hier der nachdrückliche Hinweis nicht unterdrückt werden, wie verkehrt und verderblich die Eingriffe des Menschen in die grossen Zusammenhänge der Natur sind, zu welchem Unsinn bei Beurteilung der Schutzwürdigkeit und Schutzbedürftigkeit eines Tieres der einseitige, die grossen Zusammenhänge übersehende Nützlichkeitsstandpunkt führt.«[45] Die Vogelschützer argumen-

Abbildung im Flugblatt »Ueberall wirtschaftlicher Vogelschutz!« von 1932.

tierten dagegen pragmatisch. Die Naturverhältnisse seien ohnehin gestört, ja diese gestörten Verhältnisse stünden sogar hinter der »Massenvermehrung dieser Schädlinge«, und deshalb sei »die Bekämpfung von der Landwirtschaft schädlichen Vögeln (Krähen, usw.) mit Giften nicht zu umgehen solange wir keine anderen Vernichtungsmittel haben«.[46] Trotz mancher Übereinstimmung in praktischen Fragen gab es einen klaren atmosphärischen Unterschied zwischen Natur- und Vogelschützern, der sich vielleicht am besten in einem Flugblatt der Vogelschützer aus den frühen dreißiger Jahren spiegelte, auf dem in großen Lettern zu lesen war: »Vogelschutz ist keine fruchtlose Spielerei, Vogelschutz ist eine wirksame, wirtschaftliche Maßnahme!«[47]

Der wirtschaftliche Vogelschutz konnte an ein lebhaftes Interesse in landwirtschaftlichen Kreisen anknüpfen, das sich schon 1909 in der Gründungssitzung dokumentiert hatte. Trotz der weiten Anreise aus Neustadt in der Pfalz waren gleich zwei Vertreter der dortigen Lehr- und Versuchsanstalt für Wein- und Obstbau erschienen, darunter der Vorstand der zoologischen Abteilung Fritz Schwangart, der im Vorjahr eine »Anleitung zur Ausübung des Vogelschutzes« als Merkblatt seiner Versuchsstation publiziert hatte.[48] Auch der Innenminister hatte in seinem kurzen Grußwort auf den Weinbau in Franken und der Pfalz hingewiesen.[49] Als Direktor der Königlich Agrikulturbotanischen Anstalt in München hatte Lorenz Hiltner sogar gewisse fachimperialistische Gelüste erkennen lassen: »Der Pflanzenschutz bilde seit jeher eine wesentliche Aufgabe der Anstalt und der Vogelschutz sei nur ein Teil des Pflanzenschutzes.«[50] Im Tätigkeitsbericht der Kommission vom Juli 1912 wurde ausdrücklich der Anschluss zahlreicher Obstbauvereine vermerkt.[51]

Diese Ausrichtung führte auch dazu, dass in den zwanziger Jahren »Unterfranken mit seinem reichen Obst- und Weinbau« den »Vorrang« im bayerischen Vogelschutz einnahm.[52] Das war vor allem dem Wirken der schon erwähnten Außenstelle in Würzburg zu verdanken, die auf die Interessen der regionalen Landwirtschaft ausgerichtet war. In seinem Tätigkeitsbericht für 1925 präsentierte der dort arbeitende Vogelschutzinspektor Schnabel eine bemerkenswerte Bilanz. Im Berichtszeitraum hatte er 17307 Nisthöhlen Marke Berlepsch aufgehängt, 486 Futterapparate verbilligt abgegeben und 67 Vorträge gehalten.[53] Der folgende Tätigkeitsbericht erwähnte 287 Einzelberatungen und auch 220 Anzeigen im Zeitraum von 1920 bis 1926, die zu 206 Tagen Haft, 4481 Mark Geldstrafe und zur Konfiszierung von 572 Fanggeräten geführt hatten.[54] Es ist jedoch auffallend, dass Schnabel sich nebenher auch in der Öffentlichkeitsarbeit betätigte, und das aus voller Überzeugung: »Gibt es denn für unsere Jugend in unserer heutigen gärenden Zeit einen edleren, gesünderen und reineren Genuß als die Natur in ihrer Eigenart und Mannigfaltigkeit kennen zu lernen?«[55] Die Konzentration auf den land- und forstwirtschaftlichen Vogelschutz war eben nie ein Dogma, das eine respektvolle Verehrung der natürlichen Umwelt prinzipiell verboten hätte. Als Haenel einen Vortrag vor der Naturforschenden Gesellschaft in Bamberg hielt, notierte ein Zeitungsbericht: »Der Vortragende schloß seine hinreichend lebendigen, aus überragender Sachkenntnis und edlem Naturgefühle stammenden, Geist und Gemüt erfrischenden Ausführungen mit dem Hinweise, daß auch wir nur ein Glied in der Schöpfung seien, daß darum unsere schrankenlose Ichsucht keine natürliche Berechtigung habe.«[56]

Deutlich war auch ein Bewusstsein zu spüren, dass sich der Vogelschutz mit der Bekämpfung schädlicher Vögel in eine prekäre Situation brachte. »*Jedem* Lebewesen ist in der Schöpfung seine Aufgabe zugewiesen. Es ist deshalb immer ein schwieriges

Unterfangen, regelnd in den Bestand eines Tieres einzugreifen«, hieß es etwa in einem 1932 publizierten Flugblatt über »Wirtschaft und lästige Vogelarten«.[57] Allerdings bleibe in manchen Situationen »nichts anderes übrig, als Mittel zur Abwehr zu ergreifen«. Spürbar war das Flugblatt bemüht, jede Jagdlust zu vermeiden. Von Prämien für den Abschuss schädlicher Vögel wurde etwa dringend abgeraten: »Durch sie wird in minderwertigen Menschen die schnödeste Gewinnsucht mit allen ihren üblen Folgen geweckt.« Darüber hinaus war »stets zu beachten: wenn es wirklich notwendig wird schadenverursachende Vögel einzuschränken, so dürfen grundsätzlich niemals Kinder zu diesen Arbeiten beigezogen werden; nur zu leicht verroht das jugendliche Gemüt.« Insgesamt mahnte das Flugblatt, »erst nach reiflicher Ueberlegung und im Notfall, mit weiser Mäßigung und ohne jede Grausamkeit gegen solche Tiere einzuschreiten, welche seinen Gütern abträglich geworden sind«.[58] Einen martialischen Zug gewann der Kampf gegen die »schädlichen Vögel« erst, als die Nationalsozialisten 1934 die »Erzeugungsschlacht« zur Steigerung der landwirtschaftlichen Produktion ausriefen.

Erfolge konnte der landwirtschaftliche Vogelschutz vor allem im lokalen Rahmen vermelden. In Klingenmünster in der Pfalz gelang es, mithilfe von Kohlmeisen eine Raupenplage zu verhüten. Im ebenfalls pfälzischen Alsenz wurden Zwetschgenbäume von einer Schildlausplage befreit, andernorts wurde durch »die Massenansiedlung namentlich der Schwalben im Laufe mehrerer Jahre [...] eine sehr erhebliche Steigerung des Milchertrags erzielt«. Die Staatsforstverwaltung gab zur Bekämpfung eines Insektenproblems den Auftrag, die pfälzischen Forstämter Waldleiningen und Waldmohr sowie das oberbayerische Forstamt Geisenfeld »als Versuchsämter für Vogelschutz einzurichten«.[59] Bezeichnenderweise wandte sich Neblich 1927 in einer Ausschusssitzung explizit *gegen* überbordende Hoffnungen: »Keineswegs stimmen wir der Anschauung gewisser Vogelschutzfanatiker bei, daß die Vögel einer gewaltigen Insekten-Kalamität, einem Nonnen-, Spanner-, Spinner-, Rüsselkäferfraß Herr werden können, wir verurteilen solche Übertreibungen, die der Sache nur schaden, nein, dazu sind sie nicht imstand, aber sie wirken vorbeugend, wenn sie in genügender Anzahl vorhanden sind, sie bilden die Polizei im Walde.«[60]

Auch Escherich attackierte in seinen forstentomologischen Vorlesungen den »extremen Standpunkt der Vogelschützler [sic], die im Vogelschutz den Schlüssel zur Immunisierung unserer Wälder erblickten«.[61] Für ihn waren die »kleinen Gegenwesen (Schlupfwespen, Raupenfliegen, Ameisen usw.)« für den Schutz des Waldes stets wichtiger als die Vögel, die er eher als »Hilfsgarde der Hauptpolizeimacht« betrachtet wissen wollte.[62] Ein Flugblatt des bayerischen Landessachverständigen für Vogelschutz von 1931 erklärte kurz und bündig: »Der Vogelschutz kann und will nur vorbeugend wirken. Wenn einmal eine Kerbtierplage ausgebrochen ist, dann ist es schon viel zu spät, noch mit Vogelschutzmaßnahmen daherzukommen.«[63]

Über das Potential des landwirtschaftlichen Vogelschutzes machte man sich offenbar im Ausschuss keine großen Illusionen. Man muss für eine faire Bewertung jedoch beachten, dass auch die Chemie seinerzeit keine Patentlösung zu bieten vermochte. Erst nach dem Zweiten Weltkrieg begann die große Zeit des chemischen Pflanzenschutzes. Für den Moment war das zentrale Problem des landwirtschaftlichen Vogelschutzes deshalb wohl weniger seine begrenzten Möglichkeiten als der große Aufwand. »Die wichtigste Aufgabe des praktischen Vogelschutzes ist zweifellos die möglichste Vermehrung von Nistgelegenheiten in erster Linie für die Meisen und sonstige insektenfressende Höhlenbrüter«, hieß es 1929 im Tätigkeitsbericht des Ausschusses.[64] Dabei ging es nicht nur um die Beschaffung und Installation der Nisthöhlen, sondern auch um deren fortlaufende Kontrolle und Reinigung – eine enorm zeitaufwendige Arbeit, die sich zudem gegen jede Maschinisierung sperrte. Wenn man bedenkt, dass seinerzeit auf dem Lande allenthalben über den Mangel an Arbeitskräften geklagt wurde und zudem der langfristige Trend in der Agrarwirtschaft Richtung Technisierung ging, werden die Grenzen eines landwirtschaftlichen Vogelschutzes deutlich.

Vogelschutz in der Schule

Neben dem land- und forstwirtschaftlichen Vogelschutz wurde die schulische Arbeit zu einem zweiten Schwerpunkt der Ausschussarbeit. Schon der erwähnte Versuch Gebsattels, eine Jugendsektion ins Leben zu rufen, ließ das frühe Interesse an einer Aufklärung der Jugend erkennen, und es passt ins Bild, dass an der Gründungssitzung auch ein Ministerialrat aus dem Staatsministerium für Kirchen- und Schulangelegenheiten teilnahm.[65] Es war ja auch ein denkbar naheliegender Gedanke. Offenkundig diente es dem Anliegen des Vogelschutzes, »wenn das Interesse der Jugend dafür gewonnen und diese schon in den Schulen auf die ethische und volkswirtschaftliche Bedeutung der Vogelwelt im Naturhaushalt hingewiesen wird«, wie Georg Muschner vom Verein für Vogelschutz im März 1909 in einem Brief an das Staatsministerium des Innern erklärte.[66] Zudem waren die bayerischen Vogelschützer durch ihre Staatsnähe in einer guten Position, die notwendigen Beziehungen zur Kultusbürokratie aufzubauen. Schließlich war die Berufsgruppe der Lehrer ohnehin ein wichtiger Stützpfeiler des frühen Naturschutzes.

Es fällt jedenfalls auf, dass die Bestrebungen des Vogelschutzes sich auffallend rasch auch in der schulischen Arbeit niederschlugen. Bereits im Herbst 1910 wurde Gebsattel von der Landesschulkommission aufgefordert, für die Schulhöfe des Landes Wandtafeln, Merksätze und Vogelschutzgerät zur Verfügung zu stellen.[67] Gut zwei Jahre später konnte die Kommission berichten, dass die Volksschulen in der Zwischenzeit über 8000 Vogelwandtafeln und 10 000 Merktafeln bestellt hatten.[68] Auch in der Zwischenkriegszeit blieben Wandtafeln ein wichtiges Medium der schulischen Vogelschutzarbeit, zumal deren Anschaffung vom Kultusministerium finanziell gefördert wurde.[69] Am Ende des Schuljahres 1928/29 wurde jedem Absolventen einer bayerischen Volksschule ein vom Landessachverständigen Haenel verfasstes Flugblatt überreicht. Die Würzburger Außenstelle beteiligte die Schüler ihrer Region an einer Nisthöhlenaktion und belohnte Schulen, die besonders eifrig für Nistplätze gesorgt hatten, mit der kostenlosen Überlassung von Vogelwandtafeln und Büchern.[70] Manchmal wurden aber auch ganz pragmatisch günstige Gelegenheiten genutzt. Als im Dezember 1911 der erste niederbayerische Vogelschutzkurs in Steinach stattfand, wurden am letzten der drei Tage auch die Knaben und Mädchen der Oberabteilung der örtlichen Schule zugelassen. Mit großem Erfolg: »Forstamtsassessor Haenel wußte durch seine fesselnden, klaren und gehaltreichen Ausführungen die Kursteilnehmer ständig zu interessieren.«[71]

Der Ausschuss für Vogelschutz verteilte auch Mustersätze für Bretternistkästen, die von den Schülern nachgebaut werden sollten.[72] »Durch das Basteln von Vogelschutzgeräten wird die Jugend am besten mit dem wirtschaftlichen Vogelschutz vertraut gemacht«, schrieb der Ausschuss 1937 an die Bezirksämter, ohne sich große Illusionen über die Streuverluste zu machen: »Zwecks Vermeidung unnötiger Papierverschleuderung« wurden die Empfänger ermahnt, »nur für jeden dritten Schüler einen Bastelplan und ein Flugblatt anzufordern«.[73] Bisweilen schlich sich allerdings auch ein gewisser autoritärer Zug in die schulische Vogelschutzarbeit. 1910 schlug Gebsattel vor, allen Schülern ein Merkblatt zu überreichen und diese feierlich über ihre vogelschützerischen Pflichten zu belehren. Die Kinder sollten das Merkblatt unterschreiben, um dann alljährlich Rapport zu erstatten: »In jedem Jahr müsste sich dieser Vorgang wiederholen, jedes Kind, welches schon früher sich verpflichtet hat, müsste die Karte vorzeigen und berichten, was es getan hat zur Einlösung seines Versprechens.«[74] Solche Ideen waren seinerzeit gewiss nicht ungewöhnlich, und doch beleuchtet der Vorschlag nicht nur die pädagogischen Ideale des monarchistischen Bayern. Gebsattels Vorschlag spiegelte anschaulich den Traum der frühen Kommission vom einheitlichen bayerischen Vogelschutz per staatlichem Dekret – jene große Hoffnung, »gleich jetzt mit einem Schlag« den Vogelschutz in der Schule zu etablieren und so allen bayerischen Schulkindern das notwendige Wissen einzubläuen.[75]

Der Erfolg der schulischen Arbeit hing wesentlich von Kenntnissen und Engagement der Lehrerschaft ab. »Notwendige Voraussetzung ist, daß die künftigen Lehrer über den Vogelschutz richtig orientiert sind«, erklärte die Kommission schon 1912 in einem Tätigkeitsbericht.[76] Lehrer gehörten deshalb von Anfang an zu den Teilnehmern der Schulungen, die die Kommission in allen

Teilen des Königreichs anbot, und in den Weihnachtsferien 1911/12 wurde in Bamberg sogar ein besonderer Kurs für Lehrer der Region durchgeführt.[77] 1921 wies das Staatsministerium für Unterricht und Kultus auf das Angebot des Landesausschusses hin, Vorträge an Schulen und Lehrerbildungsanstalten zu halten, nicht ohne dabei zu betonen, dass Vogelschutz von »hohem erziehreichen Werte« für die Jugend sei. Zugleich regte das Ministerium die Bildung »freiwilliger Arbeitsgemeinschaften unter Schülern« an.[78] Von besonderem Interesse berichtete der Ausschuss 1927, nachdem der Vogelschutz in den Lehrplan der Volksschulen aufgenommen worden war.[79]

Bei aller emsigen Arbeit darf man freilich die Grenzen der Vogelschutzwerbung in der Schule nicht übersehen. Das Engagement des bayerischen Vogelschutzes hatte schließlich das unvermeidliche Manko, dass die schulische Arbeit letztlich in fremder Hand blieb. Man konnte Wandtafeln und Flugblätter verlegen, Vorträge und Schulungsveranstaltungen anbieten und über den Lehrplan auch etwas Druck ausüben, aber was von diesen Impulsen im Unterricht ankam, lag letztlich in der Hand der Lehrer. Und welchen Effekt konnte man von einer Lehreinheit erwarten, von der selbst Gebsattel betonte, dass sie nur wenig Zeit beanspruchen müsse?[80] So sehr sich die Vogelschützer um die Jugend bemühten, so ungewiss blieb der Erfolg der schulischen Aufklärungsarbeit. Den Vorrang des land- und forstwirtschaftlichen Vogelschutzes konnte es ohnehin nie erschüttern. Das am häufigste verlegte Flugblatt des Ausschusses war Anfang der dreißiger Jahre »Wirtschaftlicher Vogelschutz auf dem Bauernhofe«.[81]

Eine Vogelwarte im Gebirge

Im Herbst 1929 erhielt Haenel aus der Gemeinde Garmisch einen Hinweis, dass an den Scheinwerfern der Kreuzeckbahn oberhalb von Garmisch Vögel in großer Zahl verendeten. Er wandte sich an die Bahngesellschaft, die ihn prompt zu einer Ortsbesichtigung einlud, um die notwendigen Maßnahmen zu prüfen. So verbrachte Haenel eine kalte Herbstnacht auf dem Dach des Stationsgebäudes, die ihm lange in Erinnerung blieb: »Tief unten in den Bergwäldern röhrten die Hirsche, oben in der sternklaren Nacht aber, über dem

Haupt des Staunenden, tat sich eine neue Wunderwelt auf: Vogelzug auf Vogelzug rauschte vorüber und – was das Merkwürdigste war – im Licht des Scheinwerfers tauchten auf Sekunden Vogelarten auf, die man hier oben niemals erwartet hätte. Einmal kam ein Zug Wachteln, dann wiederum – in 1600 m Höhe! – zogen Strandläufer ihres Weges.«[82] Damit war der Forschertrieb geweckt. Seither war Haenel überzeugt, »dass es hier möglich sei, durch laufende Beobachtungen allerlei für den Vogelzug im Hochgebirge wichtige Feststellungen zu machen«.[83] Zwei Jahre später konnte er diese Studien dauerhaft vor Ort betreiben: in einer neu eingerichteten Vogelschutzwarte in Garmisch, zugleich der neue Sitz des Ausschusses für Vogelschutz.

Die Idee, eine Vogelschutzwarte zu schaffen, lässt sich bis in die Gründungssitzung zurückverfolgen. »Es werde Sache der Vereinigung für Vogelschutz sein, einen passenden Platz für die Versuchsstation auszuwählen, die dazu bestimmt sei, eine Zentrale für Versuche und für die Ausbildung von Vogelwarten in Bayern zu bilden«, hatte seinerzeit der Vertreter des Staatsministeriums des Innern erklärt.[84] Allerdings war für eine solche Versuchsstation die Genehmigung des Landtags erforderlich, die man zunächst nicht einholen wollte, und die übrigen Aktivitäten der Kommission ließen das Projekt bald in den Hintergrund rücken.[85] Nach Haenels Epiphanie auf dem Seilbahndach wurde das Thema jedoch schlagartig wieder akut, zumal der Ausschuss mit den Bedingungen in Bamberg nicht sonderlich zufrieden war. Gelegenheit zur wissenschaftlichen Arbeit gab es dort nicht, und überhaupt war Bamberg ja nur auf Betreiben eines Vorsitzenden, der seit 1920 nicht mehr amtierte, zum Sitz des Ausschusses geworden.[86] Vermutlich spekulierte Haenel auch darauf, dass er mit der Übersiedlung nach Garmisch seine Tätigkeit im Forstdienst hinter sich lassen konnte. Tatsächlich wurde Haenel im Zuge der Schaffung der Vogelschutzwarte wieder zu einem hauptamtlichen Landessachverständigen.[87]

Die Gründung der Vogelschutzwarte wäre freilich kaum möglich gewesen, wenn die Gemeinde Garmisch dem Projekt nicht erhebliche Sympathie entgegengebracht hätte. An sich war Garmisch gewiss keine Stadt des Vogelschutzes. Der Gemeinderat hatte 1911 beschlossen, die Kommission nicht finanziell zu unterstützen, und dass der Beschluss 1930 revidiert wurde und Garmisch doch noch

Das Kurhaus in Garmisch, Sitz der Vogelschutzwarte seit 1931.

dem Landesverband für Vogelschutz beitrat, lag anscheinend vor allem daran, dass ein Mitarbeiter des Ausschusses seinen Urlaub zur Mitgliederwerbung genutzt hatte.[88] Die Nachbargemeinde Partenkirchen trat dem Landesverband sogar erst 1934 bei.[89] Für Garmisch, das sich seit dem späten 19. Jahrhundert zu einem Zentrum des Alpentourismus entwickelt hatte, bot eine Vogelschutzwarte jedoch attraktive Möglichkeiten. Eifrig listete der Werbeausschuss der Gemeinde die Vorzüge auf: Es locke eine »Belebung des Verkehrs durch Teilnehmer an den Lehrgängen und Führungen«, ein »neuer Anziehungspunkt für viele Besucher Bayerns«, die Vogelschutzwarte biete »Unterhaltung und Belehrung für die Kurgäste besonders auch bei schlechtem Wetter«, ihre wissenschaftlichen Berichte bedeuteten »zugkräftige Werbung für Garmisch«, und außerdem würden Zugvögel »den Fußring mit ›Vogelwarte Garmisch‹ in alle Welt« tragen. Schließlich betonte der Werbeausschuss auch, dass die Einrichtung ein Unikat sein würde: die »erste und einzige Vogelwarte im Hochgebirge«.[90]

Auf Empfehlung des Werbeausschusses wurde Anfang 1931 ein »Verein Vogelwarte Garmisch« gegründet, um das Interesse der Gemeinde auch institutionell zu dokumentieren. In einem Schreiben an die Forstabteilung des Innenministeriums betonte der Marktgemeinderat noch einmal seine Bereitschaft, »die Bestrebungen dieses Vereins in jeder Weise zu fördern und zu unterstützen«.[91] Tatsächlich erwies sich die Gemeinde in den folgenden Verhandlungen als durchaus großzügig. Sie stellte dem Ausschuss »auf die Dauer von 10 Jahren mit anschließendem jährlichen Kündigungsrecht« zwei Amtsräume im Kurhaus zur Verfügung, erlaubte die Nutzung eines Lehrsaals für etwa 40 Zuhörer und stellte schließlich noch einen erklecklichen Zuschuss zur Anstellung einer Hilfskraft in Aussicht.[92] Im Mai 1931 zog der Ausschuss von Bamberg nach Garmisch um, wo fortan drei Männer für die Vogelschutzwarte arbeiteten: Karl Haenel als Leiter, der Forstassessor Oskar Krembs und der Forstsekretär Eduard Kreutz.[93]

Der Aufschwung der Vogelschutzarbeit ließ sich bereits im Geschäftstagebuch des Landessachverständigen erkennen. 1929 hatte es mit 2135 Nummern und 1930 mit 2975 geschlossen, 1931 waren es hingegen 4018 und 1932 bis Mitte November 4124.[94] »Wenn man die bisherige Tätigkeit des [Vogelschutzausschusses] und seine Erfolge in 23jähriger Arbeit überblickt, so zeigt sich deutlich, daß der schwere Rückschlag durch die Kriegszeit und die folgenden Jahre der Geldentwertung nicht nur überwunden wurde, sondern daß besonders in den beiden letzten Jahren ein unaufhaltsamer Fortschritt eintrat«, schrieb Haenel Ende 1932.[95] Zu diesem Boom gehörte auch eine energische Öffentlichkeitsarbeit durch einen eigens gegründeten »Pressedienst der Vogelwarte Garmisch«; die Heimatzeitschrift *Das Bayernland* druckte in enger Folge drei ausführliche und freundlich bebilderte Berichte.[96] Sogar international war der Ausschuss präsent, Haenel besuchte »durch die Güte eines fürstlichen Gönners« 1930 einen Kongress in Amsterdam und kommentierte den Entwurf für ein polnisches Vogelschutzgesetz.[97] Unter den Bedingungen der Weltwirtschaftskrise seit 1929 war das eine durchaus bemerkenswerte Entwicklung.

Weniger günstig entwickelte sich die Vernetzung der Vogelschutzwarte vor Ort. Zu den Angeboten der Stadt gehörte nämlich auch die »Benützung eines geeigneten Parks« und dessen Umgestaltung im Sinne des Vogelschutzes.[98] Das gewählte Objekt war der Kurpark, der jedoch einen Nachteil hatte: Er wurde nicht nur von zahlreichen Erholungssuchenden frequentiert, sondern auch von streunenden Katzen. Die Vogelschützer verfielen in die üblichen Reflexe. Sie fingen und töteten die störenden Katzen, verfütterten deren Fleisch an die Greifvögel, und ein Vogelwärter fertigte sich aus den Fellen – man mag es kaum glauben – zwei schöne Pelzumhänge. Dummerweise überwarf sich die Vogelschutzwarte zugleich mit einem cholerischen Mitarbeiter, der die Sache öffentlich machte, seinen ehemaligen Arbeitgeber nach der Entlassung mit heftigen Vorwürfen überzog (»Der vielfach geübte Katzenhaß ist nicht nur plump und roh, sondern auch unarisch und ungermanisch«) und den Münchner Tierschutzverein einschaltete, der sich hurtig der Sache annahm. Das rief schließlich die Gerichte auf den Plan, die Fellwesten wurden von der Gendarmerie als Beweismittel beschlagnahmt, und eine gebannte Öffentlichkeit verfolgte drei Tage lang das Spektakel eines Gerichtsverfahrens wegen Katzenmordes in 80 Fällen.[99]

Juristisch gesehen ging die Sache mit Freisprüchen für Haenel und seine Mitarbeiter glimpflich aus. Offen blieb am Ende nur, wo die beiden Fellwesten verblieben (und ob die Vogelschutzwarte sie wiederhaben wollte). Für das lokale Ansehen der Vogelwarte war der Konflikt freilich katastrophal. Binnen kürzester Zeit hatte sich die neueste Attraktion des Ortes als zerstrittene Behörde mit unheimlichen Fütterungspraktiken profiliert – von der Sichtweise all jener, die eine Hauskatze besaßen, einmal ganz zu schweigen: »Eine Vogelbrut habe einen zehnfach höheren Wert als eine streunende Hauskatze«, hatte Haenel vor Gericht erklärt.[100] Die örtliche Werbetätigkeit der Vogelschutzwarte kam in der Folge weitgehend zum Erliegen, und der Verein Vogelwarte Garmisch ließ bald nichts mehr von sich hören. »Als dann die wohl auch Ihnen bekanntgewordene Hetze gegen die Vogelwarte wegen Katzenfang und ähnlichem einsetzte, […] musste die Tätigkeit des Vereins Vogelwarte mehr und mehr erlahmen«, hieß es im Juni 1933 in einem Brief an den Bürgermeister von Garmisch.[101] Im August 1933 kürzte der Gemeinderat den Zuschuss für die Vogelschutzwarte um die Hälfte, gefolgt von einem Beschluss im Oktober, die Finanzierung eines Vogelwarts durch die Gemeinde zu beenden.[102] Das hing wohl auch mit dem Zustand der Gemeindefinanzen in der Weltwirtschaftskrise zusammen, aber der Streit um die toten Katzen lieferte zumindest einen günstigen Anlass. Unterdessen veröffentlichte die Vogelschutzwarte im »Vogelschutz-Pressedienst Garmisch« einen Artikel über »Katzenplage und Vogelschutz«, der bei Fang und Tötung von Katzen zur »Vorsicht« mahnte: »Wer [...] in die Zwangslage kommt, die nützlichen Kerbtierjäger seines Obst- und Hausgartens gegen streunende Raubkatzen verteidigen zu müssen, der erkunde zuerst die Ansicht des zuständigen Richters und erhole sich den Rat des Landessachverständigen für Vogelschutz, Garmisch, Vogelwarte.«[103] So gesehen hatte der Konflikt vielleicht doch noch etwas Positives bewirkt. In solchen Dingen kannte man sich nun juristisch so richtig gut aus.

Zwischenbetrachtung
Wie autoritär darf Naturschutz sein?

Der Katzenmord von Garmisch war nicht nur Produkt eines weit verbreiteten Feindbildes. Dahinter stand auch das Bündnis mit der Staatsgewalt, das die Naturschutzbewegung seit ihren Anfängen im späten 19. Jahrhundert begleitete. Es waren schließlich nicht nur eine bestimmte Vorstellung schützenswerter Natur, die eine neue soziale Bewegung entstehen ließ, sondern auch die Hoffnung auf Protektion durch die Staatsgewalt. Es hatte schon in früheren Zeiten eine Wertschätzung der Natur gegeben – man denke nur an die Romantik –, aber der Gedanke an Naturschutz als staatliche Aufgabe entstand in der zweiten Hälfte des 19. Jahrhunderts, als die Macht der Regierungen auf allen Ebenen deutlich zunahm. Man brauchte einen aktiven Staat auch, denn die industrielle Zivilisation drang unerbittlich in periphere Regionen vor und erschloss Naturräume, die zuvor aufgrund ihrer Lage unberührt geblieben waren.

Die staatlich autorisierte Kommission für Vogelschutz orientierte sich am Vorbild des 1905 gegründeten Landesausschusses für Naturpflege, und diese Lösung lag im Deutschen Reich »etwa in der Mitte zwischen der staatslastigen Naturschutzarbeit, wie sie die preußische Stelle für Naturdenkmalpflege unter Hugo Conwentz favorisierte, und der vollständigen Übertragung der Naturschutzarbeit auf Vereine, wie sie etwa in Sachsen und Baden mit dem Landesverein Sächsischer Heimatschutz und dem Badischen Landesverein für Naturkunde praktiziert wurde«.[104] In der praktischen Arbeit vertraute die Vogelschutzkommission jedoch vor allem auf die Mittel des bayerischen Staates, während das zivilgesellschaftliche Element zurücktrat, ohne je vollständig zu verschwinden. Bis in die frühe Nachkriegszeit war der Landesverband eher ein verlängerter Arm der amtlichen Bestrebungen als Brücke zur Gesellschaft, und das musste seinerzeit nicht zwangsläufig gegen eine individuelle Mitgliedschaft sprechen. So mancher Bayer ist dem Landesverband wohl nicht nur aus Liebe zu den Vögeln beigetreten, sondern auch, um zumindest ein Zipfelchen der Macht des Staates zu erhaschen. Die greifbaren Vorteile einer Mitgliedschaft waren beim LBV nämlich lange Zeit überschaubar. Ein

Werbeschreiben erklärte Anfang 1938 unverblümt, es sei »nicht möglich, den Mitgliedern des Landesverbandes irgend eine Gegenleistung zu bieten«.[105]

So wirkte der Vogelschutz nicht nur in Bayern von Anfang an ziemlich autoritär. Er kam von oben, und für das Gros der Bevölkerung bedeutete er Belehrungen und neue Regeln. Das wurde wohl nur deshalb zunächst nicht zum Problem, weil die Menschen in Deutschland mit der Erfahrung eines autoritären Staates bestens vertraut waren. Außerdem war der Vollzug, seit jeher ein Sorgenkind des Natur- und Umweltschutzes, beim Vogelschutz besonders unzulänglich. Man konnte ja nicht jedem Vogel einen Polizisten hinterherfliegen lassen. Eine Debatte über den autoritären Charakter der Naturschutzarbeit war jedenfalls bei der Vogelschutzkommission nicht zu spüren, ja noch nicht einmal ein Bewusstsein, dass es da ein Problem gab. Man nutzte einfach aus dem Arsenal der staatlichen Politik, was man gebrauchen konnte. Damit waren die Vogelschützer denkbar schlecht vorbereitet, als 1933 die Nationalsozialisten an die Macht kamen und zwei Jahre später ein Reichsnaturschutzgesetz verabschiedeten, das seinerzeit zu den besten weltweit zählte. Die Konfrontation mit den verlockenden Möglichkeiten eines totalitären Regimes war ein Charaktertest, und die bayerischen Vogelschützer haben ihn genauso wenig bestanden wie der Rest der deutschen Naturschutzbewegung.[106]

Den bayerischen Vogelschützern blieb einiges erspart, weil sie sich in der NS-Zeit noch nicht um den Erwerb schützenswerter Gebiete bemühten. Darum kümmerte sich seinerzeit der Bund Naturschutz im Schulterschluss mit der Staatsverwaltung, und das mit beeindruckendem Erfolg. 1929 gab es in Bayern 89 Naturschutzgebiete, darunter auch Großschutzgebiete in den Alpen, und dabei gab es noch nicht einmal ein bayerisches Naturschutzgesetz, das dem Anliegen juristische Durchschlagskraft verliehen hätte.[107] Mit dem Reichsnaturschutzgesetz im Rücken machten die bayerischen Naturschützer emsig weiter, und dabei taten sich im NS-Staat Abgründe auf. Exemplarisch erwähnt sei die Schaffung des oberpfälzischen Naturschutzgebietes Keilstein östlich von Regensburg 1938, die sich nach den Recherchen Richard Hölzls mit der Arisierung eines Steinbruchbetriebs überschnitt.[108] Das Grundgesetz enthielt ein Verbot entschädigungsloser Enteignungen, die das Reichsnaturschutzgesetz gemäß dem Prinzip »Gemeinnutz geht vor Eigennutz« (Punkt 24 im Parteiprogramm der NSDAP) vorgesehen hatte, und längst gelten beim Erwerb wertvoller Gebiete die Regeln des modernen Rechtsstaates. International wird über den Reservatnaturschutz gestritten, der vor allem bei indigenen Völkern häufig auf Kosten von Lebensräumen und Lebenschancen geht, aber der Grundbesitz des LBV ist für vergleichbare Konflikte viel zu klein, auch wenn es im lokalen Rahmen gelegentlich unbequeme Einschränkungen gibt.

Für den LBV drängt sich die Frage nach dem autoritären Habitus des Arten- und Biotopschutzes nicht auf, aber vielleicht sollte man das eher als Aufforderung zum Nachdenken sehen. Der LBV hat von einer solchen Debatte nichts zu verlieren, aber einiges zu gewinnen. Das Werben um öffentliche Unterstützung und die Bildungsarbeit sind ein wichtiger Teil der Antwort, aber das hilft nur begrenzt, wenn es um die Konfrontation mit den Interessen von Land- und Forstwirten geht – oder um das, was diese als ihre Interessen verstehen. Da geht es nicht ohne Regeln und Kontrollen, aber ein Naturschutz, der immer nur von oben kommt, kriegt auf Dauer Probleme. Letztlich ist Naturschutz ein Kompromiss der Gesellschaft mit sich selbst, und es lohnt sich, gelegentlich über die notwendige Balance nachzudenken. Dabei kann man es sich zunutze machen, dass der Naturschutz in Deutschland seit mehr als 100 Jahren nach einer solchen Balance sucht.

III.

Im Schatten des Nationalsozialismus

1933–1959

Vogelschutz im NS-Staat

Wer die Geschichte des bayerischen Vogelschutzes im Nationalsozialismus verstehen will, muss sich zunächst vor Augen halten, dass das nationalsozialistische Deutschland für den Landesausschuss und seine Vertreter ganz unterschiedliche Herausforderungen aufwarf. Es ging nicht nur um die Frage prinzipieller Sympathie, sondern auch um ganz handfeste Themen: die finanzielle Ausstattung der Vogelschutzwarte, die Vernetzung mit Verwaltung und Gesellschaft, die Spannung zwischen nationalsozialistischer Gleichschaltung und verbandlicher Autonomie, dazu der seit Längerem schwelende Konflikt zwischen Naturschutzinteressen und wirtschaftlichem Vogelschutz. Zudem gilt es zu beachten, dass sich die Situation des Natur- und Heimatschutzes im Laufe der zwölf Jahre veränderte. Insgesamt sind in der Umweltgeschichte der NS-Zeit drei Phasen zu unterscheiden. In den ersten beiden Jahren dominierte unter den Naturschützern eine widersprüchliche Mischung aus grundsätzlicher Offenheit und innerer Reserviertheit, auf die nach der Verabschiedung des Reichsnaturschutzgesetzes 1935 eine Zeit stürmischer Begeisterung und hektischer Aktivitäten folgte. Die dritte Phase war von der sukzessiven Verschlechterung der Rahmenbedingungen im Verlauf des Weltkrieges geprägt.[1]

Kontakte zu den Nationalsozialisten lassen sich vor 1933 nur bei Gebsattel und Escherich erkennen, die vom Ausschuss jeweils nach ihrer Amtszeit zu Ehrenvorsitzenden gewählt worden waren. Gebsattel hegte freilich nicht nur eine Abneigung gegenüber der Republik von Weimar, sondern mehr noch eine Sympathie für die Monarchie, und deshalb war sein Verhältnis zu den Nationalsozialisten gleichzeitig von Wohlwollen und Distanz geprägt. Als Erster Vorsitzender der Ulanenregimentsvereinigungen stellte sich Gebsattel in einem Rundschreiben vom November 1933 zwar einleitend hinter den Führer, sprach aber im weiteren Verlauf davon, »daß eine Diktatur immer nur etwas Vorübergehendes sei«. Er forderte die Regimentsvereinigungen sogar zu Überlegungen auf, »wie sich die Verhältnisse nach Ablauf der Diktatur gestalten würden«. Noch deutlicher wurde die widersprüchliche Haltung Gebsattels, als er nach Gerüchten über geheime Aktivitäten bayerischer Monarchisten im April 1934 von der Politischen Polizei verhört wurde. Er äußerte sich zwar »erfreut, daß der Herr Reichskanzler unser Vaterland im Ausland wieder zu Ansehen gebracht habe«. Zugleich machte er jedoch keinen Hehl daraus, dass er auf lange Sicht die Restauration der Monarchie erwarte: »Kronprinz Rupprecht erachte er als den rechtmäßigen König von Bayern und den Kronprinzen Wilhelm v. Preussen als Anwärter auf den Kaiserthron. Wenn Herr Reichskanzler Hitler einmal nicht mehr sei, dann komme die monarchische Staatsform wieder.« Man kann sich unschwer eine gewisse Ratlosigkeit der verhörenden Beamten vorstellen, wenn Gebsattel konstatierte: »Die bayer[ischen] Monarchisten betätigten sich zur Zeit als solche nicht und stünden restlos hinter der derzeitigen Regierung.«[2] Allem Anschein nach blieb Gebsattel nach dem Verhör bis zu seinem Tod im Januar 1939 von der Politischen Polizei unbehelligt. Was wollte man auch anfangen mit einem Mann, der gleichzeitig Monarchist, Anhänger Hitlers und Gegner von Diktaturen sein wollte?

Gebsattels Haltung scheint dem Vogelschutzausschuss genauso wenig geschadet zu haben wie ihm Escherichs Amtszeit als von den Nationalsozialisten eingesetzter Rektor der Münchner Ludwig-Maximilians-Universität genützt hat. Dennoch sei Gebsattels Karriere hier nicht nur aus Gründen der Vollständigkeit erwähnt, unterstreicht sie doch noch einmal, dass es beim Verhältnis zu den Nationalsozialisten um mehr ging als um die schlichte Frage von Sympathie und Antipathie. Bei den Mitarbeitern des Ausschusses war die Situation jedenfalls sehr viel unspektakulärer. Einiges deutet auf eine unenthusiastische, eher den Umständen als brennenden Überzeugungen geschuldete Nähe zu den Nationalsozialisten hin. Haenel trat zwar ebenso wie seine Mitarbeiter Krembs und Kreutz in die NSDAP ein, aber das war unter Forstbeamten, die unter den Parteimitgliedern weit überproportional vertreten waren, durchaus nicht ungewöhnlich.[3] Bemerkenswert ist eher, dass alle drei erst am 1. Dezember 1933 beitraten und damit zu einem Zeitpunkt, der nicht nur deutlich nach der Machtergreifung lag, sondern auch nach der ersten Eintrittswelle im Frühjahr 1933. Die dicht aufeinanderfolgenden Mitgliedsnummern lassen einen koordinierten Eintritt erahnen.[4] Krembs war zudem seit dem 1. Dezember 1933 Oberscharführer bei der SA, aber eine politische Beurteilung der Gauleitung München monierte im Februar 1938, dass Krembs »seit zirka zwei Jahren grundlos dem SA Dienst fern« blieb.[5] Anderthalb Jahre zuvor hatte eine andere Parteidienststelle seine Haltung folgendermaßen charakterisiert: »Der Regierungsforstrat Oskar Krembs [...] ist Parteigenosse, aber kein Aktivist.«[6]

Diesen Eindruck bestätigen auch die Publikationen der Vogelschützer im Nationalsozialismus. Der Tonfall wurde im Allgemeinen deutlich martialischer. Kreutz berief sich sogar ausdrücklich auf »das vom Reichspropagandaministerium ebenfalls geübte Verfahren«, als er 1938 seine Ansicht bekundete, »daß zu ausgesprochenen Werbezwecken gar nicht dick genug aufgetragen werden könne«.[7] Von einer ostentativen Nazifizierung des Sprachgebrauchs konnte gleichwohl keine Rede sein, und völkische Phraseologie war erst recht nicht Sache der bayerischen Vogelschützer. Selbst als Neblich im Juni 1938 eine Tagung der Arbeitsgemeinschaft der Staatlich anerkannten Vogelschutzwarten Deutschlands in Garmisch eröffnete, blieb das bei solchen Gelegenheiten gern gesehene Lob auf Hitler recht blass: »Wir sind glücklich, dass auch im Reich des Führers dem Vogelschutz die entsprechende Geltung verschafft wird.«[8] Zwar bekundete Neblich im selben Atemzug, er sei »stolz [...], daß unser Führer selbst Interesse am Vogelschutz zeigt und daß er in den herrlichen Anlagen am Obersalzberg nach unserer Anleitung intensiven Vogelschutz betreiben lässt«, aber auch hier gilt es genauer hinzuschauen. Es war nämlich nicht der bayerische Landesverband, sondern vielmehr Lina Hähnles Reichsbund für

Vogelschutz, der 5000 Nistkästen auf den Obersalzberg schicken durfte. Außerdem konnte er die Aktion kaum unerwähnt lassen, da ein Vertreter des Führerbesitzes Obersalzberg als Gast an der Tagung teilnahm.[9] Es ist allerdings auch schwer, sich eine nazifizierte Vogelschutzideologie vorzustellen – und das nicht nur, weil Zugvögel nun einmal notorische Internationalisten sind.[10] Der völkische Landschaftsdiskurs mit seinen üblen Auswüchsen war von den Kernthemen des Vogelschutzes wohl zu weit entfernt, um ein nennenswertes Echo zu produzieren.[11]

Auch in der Ausrichtung der Vogelschutzarbeit bewirkte der Nationalsozialismus eher eine Akzentverschiebung als einen grundsätzlichen Wandel. Es blieb bei der Konzentration auf den wirtschaftlichen Vogelschutz, der jedoch mit einer neuen, eindringlicheren Rhetorik propagiert wurde. Vogelschutz trage »mit dazu bei, die Ernährungsfrage vom Ausland unabhängiger zu gestalten«, schrieb Haenel zum Beispiel 1935 in einer Mitteilung für die Presse.[12] Gerne berief sich der Ausschuss auf die sogenannte »Erzeugungsschlacht«, die die Nationalsozialisten 1934 nach dem Vorbild der »battaglia del grano« im faschistischen Italien ausgerufen hatten: »Wer sich in den Dienst der Erzeugungsschlacht stellen will, der streut das Futter nicht offen aus, sondern verwendet selbsttätige und wettersichere Geräte, die nur den nützlichen Meisen Zugang gewähren, sonstigen Schmarotzern aber, wie Sperling, Grünfink und Amsel durch Erschwerung der Anflugmöglichkeit ein Eindringen nicht gestatten«, erklärte Haenel 1937.[13] Als Neblich 1936 für die Verwendung der vom Ausschuss produzierten Bildtafeln in der Schule plädierte, betonte er ebenfalls die wirtschaftlichen Vorteile des Vogelschutzes: »Er wird von den einschlägigen Stellen anerkannt und als bedeutsames Hilfsmittel zur Sicherstellung unserer Ernährung aus eigener Scholle in die Erzeugungsschlacht eingesetzt. Der wirtschaftliche Vogelschutz ist Dienst am Volksvermögen und am Wohl der Volksgemeinschaft.«[14] Für andere Arten des Vogelschutzes zeigte man kein Verständnis mehr und brandmarkte sie ungeniert als Verrat nationalsozialistischer Ziele: »Wer gewillt ist, der Erzeugungsschlacht zum Siege zu verhelfen, der möge diese Ratschläge befolgen, wer jedoch weiterhin aus übertriebener Gefühlsduselei ausgesprochene Schädlinge begünstigt, dem fehlt der Geist der Volksgemeinschaft.«[15]

So eindeutig war das landwirtschaftliche Profil des bayerischen Vogelschutzes, dass der bayerische Landesbauernführer 1935 die Eingliederung von Ausschuss und Landesverband in den Reichsnährstand verfügte.[16] Dies zielte jedoch ausdrücklich nicht auf organisatorische oder inhaltliche Veränderungen, und so bestand die einzige Konsequenz augenscheinlich in einer komplizierten juristischen Debatte über den präzisen Status von staatlichem Ausschuss und zivilgesellschaftlichem Landesverband.[17] Die Zugehörigkeit zum Reichsnährstand verhinderte auch nicht, dass der Ausschuss für Vogelschutz Ende 1935 im Rahmen einer vom Reichsnaturschutzgesetz ausgelösten Neuorganisation an die bayerische Naturschutzstelle angegliedert wurde.[18] Zum 1. Januar 1939 erfolgte schließlich die Eingliederung des Landesverbandes in den Reichsbund für Vogelschutz, durch die der LBV zu seinem heutigen Namen kam. In Analogie zum Reichsbund wurde der Landesverband in »Landesbund für Vogelschutz in Bayern« umgewandelt.[19]

Rechtlich gesehen bedeutete die Gleichschaltung im Reichsbund für den bayerischen Vogelschutz den Verlust der Eigenständigkeit. In der praktischen Arbeit war davon freilich nichts zu spüren: Ein Versuch, den neuen Einheitsverband nun mit Direktiven aus Stuttgart gewissermaßen »auf Linie« zu bringen, ist weder für den Landesbund noch für einen anderen der gleichgeschalteten Vereine dokumentiert. Der Reichsbund für Vogelschutz hatte sich schon zuvor gegenüber den Nationalsozialisten als bequemer und kompromissbereiter Partner präsentiert, zudem hatte Lina Hähnle Anfang 1938 im Alter von 87 Jahren die Leitung ihres Verbandes abgegeben, so dass es im Reichsbund an einer energischen Führungspersönlichkeit fehlte.[20] Konsequenzen hatte die nationalsozialistische Gleichschaltung nur insofern, als sie die Ausdifferenzierung staatlicher und verbandlicher Anteile im bayerischen Vogelschutz beförderte. Erstmals wurde 1935 im Zuge der Eingliederung in den Reichsnährstand eine Satzung des Landesverbands erwähnt, die anscheinend schon im April 1932 verabschiedet worden war, bis dahin jedoch keinerlei Bedeutung für die Arbeit des Ausschusses besessen hatte. Seither war die Koexistenz von Verband und Ausschuss zumindest rhetorisch geklärt, indem der Landesverband als »Erweiterung« des Staatlich anerkannten Ausschusses galt.[21] Im Herbst 1941 schrieb Neblich an das Staatsministerium für Unterricht und Kultus, der

Staatlich anerkannte Ausschuss werde »voraussichtlich in nächster Zeit aufgelöst«, und tatsächlich gingen die staatlichen Zuschüsse zwar immer noch auf das dasselbe Konto, als dessen Inhaber aber nicht mehr der Ausschuss, sondern der Landesbund bei ebenfalls identischem Vorstand firmierte.[22] In diesem Zusammenhang wurde wohl auch die Garmischer Vogelwarte verstaatlicht, die deshalb seit 1942 als Staatliche Vogelschutzwarte Garmisch-Partenkirchen bezeichnet wurde.[23] Unterschwellig wurde so aus dem Amalgam von Ausschuss und Landesverband eine Zweckgemeinschaft von staatlicher Vogelschutzwarte und privatrechtlichem Verband, was jedoch von den bayerischen Vogelschützern eher widerwillig zur Kenntnis genommen wurde. In einem Schreiben an die Bezirksämter betonte der Staatlich autorisierte Ausschuss noch Anfang 1938 ostentativ, er sei »kein Verein, sondern eine Arbeitsgemeinschaft all der Volksgenossen, die gewillt sind, die gemeinnützigen und volkswirtschaftlichen Bestrebungen des wirtschaftlichen Vogelschutzes durch Leistung eines jährlichen Mindestbeitrages von RM 1.- zu unterstützen«.[24]

Das Reichsnaturschutzgesetz führte auch im bayerischen Vogelschutz zu einer spürbaren Belebung. 1935 begann in den Gemeinden die Aufstellung ehrenamtlicher Vogelschutzobmänner »zwecks strafferer Organisation und um eine Gewähr zu haben für die zweckmäßige Durchführung des wirtschaftlichen Vogelschutzes«.[25] Genau genommen handelte es sich dabei um die Wiederherstellung des seit 1910 geknüpften Netzwerks von Vertrauensmännern, das dann im Weltkrieg sang- und klanglos verschwand, und wie schon vor 1914 stellte sich die schwierige Frage nach Qualifikation und Engagement. In manchen Gemeinden wurden die Obmänner noch nicht einmal über ihre Ernennung informiert, andere ignorierten die amtlichen Mitteilungen. Das war jedenfalls der Eindruck des Ausschusses, der 1938 Verwaltungen und Obmänner ausdrücklich zum Öffnen und Lesen seiner Briefe ermahnte.[26] Eine zweite Initiative war die Schaffung von Mustergemeinden für wirtschaftlichen Vogelschutz, die bis 1939 145 Gemeinden zu besonders engagierter Vogelschutzarbeit veranlasste.[27] Allerdings markierte das Jahr 1935 für den Ausschuss auch einen bedauerlichen Verlust. Die langjährige Außenstelle in Landshut wurde geschlossen, weil der dort tätige Vogelschutzinspektor Karl Nebesky, der schon vor dem Ersten Weltkrieg als Vogelwart in Kelheim für die Kommission gearbeitet hatte, mit dem Erreichen der Altersgrenze in den Ruhestand ging.[28]

Im Vergleich mit anderen Teilen des deutschen Naturschutzes, in denen das Reichsnaturschutzgesetz zum Auslöser eines geradezu hitzigen Booms wurde, war diese Belebung im bayerischen Vogelschutz eher gemäßigter Natur. Die Arbeit hatte ja schon mit der Eröffnung der Vogelschutzwarte in Garmisch einen deutlichen Aufschwung genommen. Entscheidend war aber wohl, dass Haenel just zu dieser Zeit von den Nationalsozialisten unter Druck gesetzt und damit an energischem Handeln gehindert wurde. Haenel war nämlich vor 1933 Mitglied einer Freimaurerloge gewesen, und solche Mitgliedschaften wurden vor allem in den ersten Jahren der nationalsozialistischen Herrschaft argwöhnisch beäugt. Die genauen Vorgänge lassen sich aus den Akten nur bruchstückhaft rekonstruieren, endeten aber offenbar mit einer Stellungnahme des Stellvertreters des Führers Rudolf Heß, der es als »erwünscht« bezeichnete, »wenn Dr. Haenel zu einem vorzeitigen Übertritt in den Ruhestand veranlaßt werden könnte«. Haenel beantragte deshalb nach 38 Dienstjahren seine Versetzung in den Ruhestand zum 1. Oktober 1938; turnusmäßig hätte die Pensionierung aus Altersgründen nur ein halbes Jahr später stattgefunden. Die Landesforstverwaltung unterstützte das Gesuch, nicht ohne bei dieser Gelegenheit zu beschließen, es sei »unter den vorliegenden Umständen [...] nicht möglich, ihm den Dank für die geleisteten Dienste auszusprechen«.[29] Für einen Mann, der sich wie kein anderer seiner Generation um den bayerischen Vogelschutz verdient gemacht hatte, war das ein unwürdiger Abschied.

Haenels Nachfolger wurde Otto Henze, der als Sohn eines Försters bei Stuttgart aufgewachsen war, nach einem Forststudium in Freiburg 1934 bei Escherich in München promoviert und danach die Vogelschutzwarte in Stuttgart-Hohenheim aufgebaut hatte, bevor er zum 1. Januar 1939 nach Garmisch-Partenkirchen wechselte.[30] Henze unterschied sich von Haenel nicht nur dadurch, dass er bereits am 1. Februar 1932 – also ziemlich genau ein Jahr vor der Machtergreifung – mit der Mitgliedsnummer 917893 in die NSDAP eingetreten war. Henze war durch seinen Geburtsjahrgang 1908 auch Mitglied der Kriegsjugendgeneration, die in den Funktionseliten des NS-Staates stark vertreten war. Henze und seine Altersgenossen waren zu jung, um noch zum Militärdienst im Ersten Weltkrieg eingezogen zu werden, aber alt genug, um den Krieg und seine Folgen bewusst erlebt zu haben. Ohnmächtig mussten sie beobachten, wie sich in und nach dem Krieg alle Gewissheiten der bürgerlichen Gesellschaft auflösten, und das wurde zur prägenden Erfahrung der Generation. Man muss sich vor Augen halten, dass Personen wie Henze nie ein gut funktionierendes parlamentarisches System erlebt hatten, und das Chaos der frühen Weimarer Jahre nährte eine tiefe Skepsis: Nicht Kompromiss und Kooperation oder gar Menschenrechte und Respekt vor Andersdenkenden standen im Mittelpunkt ihres politischen Ethos, sondern die entschlossene Tat. Von daher war es durchaus bezeichnend, dass Henze gleich nach seinem Amtsantritt die Zügel anzog und einen Zentralisierungsschub der Vogelschutzarbeit einleitete.[31] Entschiedenes Handeln für den Vogelschutz ging Henze über alles, und mit diesem Dezisionismus stand er in seiner Generation nicht allein.

Man muss dieses Generationenprofil kennen, um hinter Henzes umstrittener Amtsführung die tragische Figur zu erkennen. Keine andere Person in der Geschichte des LBV hat derart polarisiert: Für die einen war Henze ein engagierter Vorkämpfer des wirtschaftlichen Vogelschutzes, für die anderen ein Wichtigtuer und Egomane, der den LBV durch den überdimensionierten Neubau der Vogelschutzwarte in den fünfziger Jahren beinahe ruiniert hätte. Als Henze 1959 die Leitung der Vogelschutzwarte in Garmisch-Partenkirchen abgeben musste, titulierte er seinen Nachfolger abschätzig als »Käfer-Fachmann«. Umgekehrt führte ein Protestschreiben gegen Henze an das Landwirtschaftsministerium zu einer gerichtlichen Verurteilung wegen Verleumdung, weil der Autor Henze »Gestapo-Methoden« und »sadistische Handlungsweise« unterstellte.[32] Tatsächlich beleuchten Verehrung und Kritik nur zwei Seiten derselben Medaille. Die Entschlossenheit, mit der Henze für den Vogelschutz eintrat, machte ihn zugleich unfähig zur kooperativen Zusammenarbeit und zur Eingliederung in den Behördenapparat des demokratischen Rechtsstaates. Selbst seine Mitarbeiter waren von Haenels Nachfolger anscheinend nicht angetan: Sowohl Krembs als auch Kreutz verließen nach Henzes Amtsantritt die Vogelschutzwarte.[33] Die Schwächung der Einrichtung, die mit diesem Verlust erfahrener Mitarbeiter einherging, sollte nicht unterschätzt werden.

Es ist durchaus möglich, dass der bayerische Vogelschutz der NS-Zeit deutlich agiler ausgesehen hätte – allerdings wohl auch deutlich autoritärer –, wenn Henze bereits 1935 eine wichtige Stellung im bayerischen Vogelschutz besessen hätte. So aber blieb ihm kaum Zeit für eigenständige Initiativen, und nach dem Beginn des Zweiten Weltkrieges war er vor allem damit beschäftigt, den Niedergang der Vogelschutzarbeit hinauszuzögern. Schon im März 1940 warb er mit folgenden Worten um Zuschüsse: »Wenn die Mittel ausbleiben, werden wir gezwungen, unsere gemeinnützige Tätigkeit einzustellen, wodurch alles bisher in jahrelanger Kleinarbeit Erreichte in kürzester Zeit zunichte würde. Dieser Fall ist bereits einmal eingetreten, nämlich während des Weltkrieges 1914/1918. Wir wissen daher aus Erfahrung, wie mühsam und schwierig der Wiederaufbau sich gestaltet.«[34] Erstaunlich lange konnte Henze seine Einberufung zur Wehrmacht hinauszögern, und als er schließlich im Herbst 1943 eingezogen wurde, fragte die Landesforstverwaltung, ob nicht irgendwo »ein kriegsverletzter Forstbeamter des höheren Dienstes« als Vertretung aufzutreiben sei.[35] Von Januar bis März 1944 erhielt Henze noch einen Heimaturlaub, um seinen Nachfolger einzuarbeiten, und tatsächlich scheint die Vogelschutzwarte bis ins letzte Kriegsjahr hinein eine gewisse minimale Aktivität bewahrt zu haben. Noch im Februar 1945 wandte sich die Staatliche Vogelschutzwarte Garmisch-Partenkirchen mit der Bitte um Zuschüsse an die bayerischen Gemeinden.[36] Dass eine nennenswerte Arbeit in der Endphase des Zweiten Weltkrieges illusorisch war, dürfte freilich offenkundig sein.

Konkurrenten und Partner: Deutscher Bund für Vogelschutz und Wenglein-Bund

Die Gleichschaltung im Reichsbund für Vogelschutz war nicht nur Teil der NS-Geschichte des Landesbundes, sondern auch Teil einer langen gemeinsamen Geschichte von LBV und Deutschem Bund für Vogelschutz. Von Anfang an gab es zwischen den beiden Verbänden zahlreiche Kontakte, aber zugleich mancherlei

Reibungsflächen. Das war wohl auch kaum anders möglich. Seit seiner Gründung 1899 war der Bund für Vogelschutz der größte Verband seiner Art, der längst eine bayerische Sektion besaß, als die Vogelschutzkommission 1909 gegründet wurde, und sein Anspruch, den Vogelschutz deutschlandweit zu vertreten, befand sich mit dem bayerischen Partikularismus unvermeidlich auf Kollisionskurs. In dieser Überlappung der Tätigkeitsfelder bestand ein chronisches Konfliktpotential, und darin unterschieden sich die Beziehungen zum Bund für Vogelschutz von jenen zum Bund Naturschutz in Bayern, mit dem man eine gedeihliche Zusammenarbeit bei klar abgegrenzten Aufgabenfeldern pflegte. Hinzu kam in der Anfangsphase auch ein persönliches Element, denn Lina Hähnle leitete ihren Bund für Vogelschutz nicht minder selbstbewusst wie Gebsattel. Ein von Gebsattel verfasster Bericht über den Hamburger Vogelschutztag 1913 konstatierte, Hähnles Bund stehe »in einer gewissen Opposition« zum bayerischen Vorgehen und wagte die Vermutung, dass man dies »auf persönliche Gründe zurückführen« müsse.[37]

Umso mehr gilt es zu betonen, dass sich in der Alltagsarbeit gar nicht so selten Gelegenheiten zu gemeinsamen Projekten ergaben. Der Bund für Vogelschutz schickte etwa 1927 einige Bretternistkästen kostenlos nach Bamberg, um dort »ihre Brauchbarkeit und Dauerhaftigkeit im Vergleich mit Berlepsch'schen Nisthöhlen auszuprobieren«. Angeblich geschah dies »auf Wunsch von Frau Kommerzienrat Hähnle Stuttgart«.[38] Auch im Kampf gegen den Gebrauch des Desinfektionsmittels Saprol in der Landwirtschaft zeigte sich schon früh ein gemeinsames Interesse.[39] Als das Herzogtum Coburg 1920 an Bayern ging, blieb die dortige Sektion des Bundes für Vogelschutz weiterhin bestehen, und 1929 erwähnte ein Tätigkeitsbericht des Ausschusses, »eines der erfolgreichsten und eifrigsten Mitglieder« des Landesverbandes sei »seit einer Reihe von Jahren der Bund für Vogelschutz in Coburg«.[40] Auch sonst waren die Arbeitssphären lange Zeit nicht scharf abgegrenzt, der Bund für Vogelschutz wandte sich zum Beispiel 1928 ganz selbstverständlich mit einer Bitte um Veröffentlichung an die Regierung von Oberbayern.[41] Einiges deutet darauf hin, dass der Zwist vor allem auf der Ebene der Verbandsspitzen existierte, aber auch dort verdeckte er nur selten, dass die gemeinsamen Interessen letztlich

Das Logo des Landesbundes 1949.

überwogen. Manchmal wurde der Kontakt auch durch persönliche Beziehungen vereinfacht wie etwa bei Claus König, Präsident des Deutschen Bundes für Vogelschutz von 1969 bis 1984, der als Assistent an der Garmisch-Partenkirchener Vogelschutzwarte gearbeitet hatte, bevor er 1962 Leiter der Vogelschutzwarte Ludwigsburg wurde.[42] 1971 trat der bayerische Landesbund dem Deutschen Bund für Vogelschutz als korporatives Mitglied bei, seit 2001 firmiert er zudem als »NABU-Partner Bayern«.[43]

Eine Konkurrenz ganz anderer Art erwuchs dem Ausschuss, als sich 1931 ein Weltbund für Natur- und Vogelfreunde mit Sitz im fränkischen Schwabach gründete. Schon der Zeitpunkt irritiert: Die frühen dreißiger Jahre waren für Initiativen zur internationalen Verständigung eigentlich eine denkbar ungünstige Zeit. Der globale Anspruch des Weltbundes relativiert sich freilich schon bei einem Blick in den Vorstand. Das Führungspersonal des Weltbundes stammte nämlich ausschließlich aus den Orten Schwabach und Eschenbach. Tatsächlich war der Weltbund faktisch ein Ein-Mann-Unternehmen des Kommerzienrats Carl Wenglein, der in Schwabach eine Nadelfabrik unterhielt und sein naturschützerisches Interesse zuvor schon durch Schaffung einer Vogelschutzanlage in Schwabach und eines Naturschutzgeländes in Eschenbach dokumentiert hatte. Die Arbeit des Weltbundes bestand praktisch ausschließlich in einer intensiven Pressearbeit, die dem Weltbund zeitweise eine enorme mediale Präsenz verlieh. Die Themen waren durchweg Klassiker des Vogelschutzes. Die erste Pressekampagne richtete sich gegen Vogelbälge auf Damenhüten, ein Thema, das der Bund für Vogelschutz schon zwei Jahrzehnte zuvor popularisiert, das im bayerischen Vogelschutz aber kaum eine Rolle gespielt hatte. Die größte Resonanz erzielte der Weltbund mit seinem Protest gegen ein Singvogelessen im italienischen Bergamo. Angeblich sammelte Wenglein dabei zehn Millionen Unterschriften, eine Zahl, die ebenso zweifelhaft ist wie die von ihm behauptete Zahl von 300 000 Mitgliedern. Als sich der Weltbund im Februar 1936 zur Hauptversammlung traf, acht Monate nach Wengleins Tod, waren nur 2587 Einzelmitglieder aktenkundig.[44]

Wengleins Betriebsamkeit scheinen die bayerischen Vogelschützer mit sehr gemischten Gefühlen verfolgt zu haben. Einerseits war ihnen das Anliegen selbstredend sympathisch, sodass man nach außen eine »enge Arbeitsgemeinschaft« zwischen Landesverband und Weltbund pflegte, und Haenel fuhr 1931 auf Kosten des Weltbundes zu einer Konferenz nach Paris.[45] Andererseits spiegelte es auch ein Bemühen um Distanz, wenn der Landesverband mit dem Weltbund eine klare Abgrenzung der Arbeitsbereiche vereinbarte: Der Landesverband sollte für Bayern und der Weltbund für den Rest der Welt zuständig sein.[46] Die wahren Empfindungen wurden deutlich, als sich der Weltbund, der sich inzwischen auch offiziell als »Wenglein-Bund« präsentierte, im Februar 1932 bei der Gemeinde Garmisch meldete und um die Ausstellung einer »Vollmacht« als Repräsentant des Vogelschutzes bat.[47] Haenel, vom ratlosen Gemeinderat um Auskunft gebeten, erklärte nüchtern, es bestehe »keine Erinnerung dagegen«, obgleich »ich mir auch keinen besonderen Erfolg davon verspreche oder ein Bedürfnis dafür vorliegen sehe«.[48] Auch andere Beamte reagierten genervt. Als Wenglein gegen den »Massenmord von Bergamo« mobilmachte, sah sich das Bayreuther Forst- und Domänenamt geradezu zur Unterschrift verpflichtet, obwohl man von solchen Protestaktionen eigentlich nichts hielt.[49] Als der Weltbund nach zwei Jahren wieder verstummte, dürfte das mancherorts Seufzer der Erleichterung provoziert haben.

Missglückter Aufbruch: Der Neubau der Vogelschutzwarte

Ähnlich wie nach dem Ersten Weltkrieg herrschte auch nach dem Ende der NS-Zeit im bayerischen Vogelschutz zunächst Funkstille. Zwischen 1945 und 1947 lassen sich kaum Aktivitäten nachweisen, ja noch nicht einmal die kontinuierliche Existenz des Verbandes, und die Gründe bedürfen keiner langen Erläuterung. Ab 1947 nahm die Geschichte jedoch einen ganz anderen Verlauf. Otto Henze, der in dieser Zeit Landesbund und Vogelschutzwarte geradezu als Ein-Mann-Unternehmen am Leben hielt, initiierte einen gewagten Ausbruch aus der Apathie der ersten Nachkriegsmonate, der freilich so spektakulär scheiterte, dass er die Verbandsarbeit für mehr als ein Jahrzehnt lähmte. Auslöser war die Entscheidung der Gemeinde Garmisch-Partenkirchen, die Räume der Vogelschutzwarte im Kurhaus zu kündigen, um dort Flüchtlinge unterbringen zu können, nachdem die Einwohnerzahl im Landkreis gegenüber dem Vorkriegsniveau geradezu explosionsartig um mehr als 50 Prozent gestiegen war. Aber konnte man den Verlust der Amtsräume nicht auch positiv sehen: als günstige Gelegenheit für einen Ausbruch aus den beengten Bedingungen im Kurpark und als eine Chance, den bayerischen Vogelschutz mit einer geräumigen Vogelschutzwarte auf eine ganz neue Grundlage zu stellen?

So ähnlich wird man sich die Gedanken vorstellen müssen, die Henze dazu bewogen, inmitten der Nachkriegsnot ein gewaltiges Bauprojekt in Angriff zu nehmen. Allem Anschein nach war es eine ziemlich einsame Entscheidung, und als der erwähnte Mann der Tat schuf Henze sogleich Fakten. Schon im Mai 1947 sicherte sich Henze ein Grundstück am Partenkirchener Gsteig, zugleich schloss er als Geschäftsführer des Landesbundes für Vogelschutz einen Vertrag mit dem Architekten Georg Körner über den Bau der neuen Vogelschutzwarte.[50] Die Bauarbeiten begannen freilich erst 1949, und auch danach schleppte sich das Projekt eher träge dahin. Im September 1952 konnte die Vogelschutzwarte zwar immerhin verkünden, der Neubau sei nun »soweit fortgeschritten, daß wir um den 1. Oktober dieses Jahres aus den bisherigen unzulänglichen Mieterräumen in das eigene Gebäude umziehen können«, aber das war eine ziemlich beschönigende Darstellung der tatsächlichen Situation: In Wirklichkeit stand das Gebäude nämlich erst im Rohbau.[51] Henze hatte in jeder Hinsicht großzügig geplant und nicht nur Diensträume und Vogelkäfige bauen lassen, sondern auch eine üppig dimensionierte Dienstwohnung, Vortragssäle und sogar Gasträume, um den Kursteilnehmern im Haus eine Übernachtungsmöglichkeit zu bieten. Das Dumme war nur, dass die finanziellen Möglichkeiten des Landesbundes für ein solches Großprojekt viel zu bescheiden waren. Der Rohbau, als stolzer Sitz des Verbandes geplant, wurde zu einem Provisorium auf Dauer.

Henze war freilich niemand, der in einer solchen Krise zum Maßhalten tendierte. Gegen den Willen des Architekten setzte er sogar Änderungen der Baupläne durch, die die Kosten in die Höhe trieben. Zur selben Zeit führte sein ruppiger Umgang mit Mitarbeitern zu mehreren Prozessen mit einem Hausmeister, die Henze zwar gewinnen konnte, aber viel Zeit und Aufmerksamkeit beanspruchten.[52] Die Krise des Neubaus zerrte offenbar an seinen Nerven, und Henze reagierte mit einer Mischung aus Verbissenheit und Trotz. Als er in einem Gerichtsprozess mit dem Vorwurf konfrontiert wurde, dass er auf Spatzen geschossen habe, verwies er nicht einfach auf die Notwendigkeiten der Schadvogelbekämpfung, sondern fügte ohne Not an, er sei »sehr froh um jeden Spatzen, den ich abschießen kann, denn sie sind zur Fütterung sehr angenehm, wenn man Raubvögel hat, die sich schlecht an andere Nahrung gewöhnen«. Die Presse berichtete daraufhin empört von »Spatzenhackfleisch in der Vogelwarte« und konstatierte, dass nunmehr »zwielichtige Zustände im Garmischer Tierschutzinstitut erwiesen« seien.[53] Für den Unmut, den sein Großprojekt im lokalen Umkreis hervorrief, besaß er erst recht kein Gespür, obwohl die Reaktion in Garmisch-Partenkirchen geradezu zwangsläufig negativ ausfiel. Eine Bevölkerung, die zugunsten der Flüchtlinge zusammenrücken musste, konnte den Bau einer großen Vogelschutzwarte oberhalb der Stadt nur als Provokation empfinden. 1957 konstatierte ein Partenkirchener in einem Leserbrief an den *Münchner Merkur*, der Bau sei »seit der Zeit des ersten Spatenstichs ein Stein des Anstoßes gewesen«: »Tausende, die auf der Suche nach Brennholz im benachbarten Wald an der Baustelle vorüber mußten, ballten die Fäuste in den Taschen und fragten sich: Welcher

Großkopferte darf sich denn da ein Schloß bauen, indes wir das Haus voll Flüchtlingen und Heimatvertriebenen haben, und als nach und nach durchsickerte, daß und unter welchen Verhältnissen ›ein Vogelkäfig‹ entstehe, war die Empörung allgemein.«[54] Andere sprachen, vermutlich inspiriert von den unverputzten Mauern, von der »Vogelburg« am Gsteig.[55]

Das Großprojekt war freilich nicht nur unvollendet, es hatte auch dazu geführt, dass der Landesbund bis über beide Ohren verschuldet war. Die finanzielle Lage war so prekär, dass das Bauprojekt schließlich vom Freistaat übernommen wurde. 1955 unterzeichneten das Staatsministerium für Ernährung, Landwirtschaft und Forsten und der LBV einen Vertrag, in dem ersteres eine Finanzspritze von 145 000 DM zur Begleichung der ausstehenden Rechnungen bewilligte. Im Gegenzug übernahm der Staat den Bau, räumte dem Landesbund aber zugleich das Recht zur Nutzung von drei Büroräumen sowie einiger Lagerräume ein. Außerdem durfte der Verband den Hörsaal sowie die Übernachtungsräume mitbenutzen, sofern die Vogelschutzwarte sie nicht gerade selbst benötigte. Die Rettungsaktion hatte für den LBV freilich ihren Preis: Auf zehn Jahre verpflichtete er sich, jährlich 6550 DM an den Staat zurückzuzahlen.[56] Für einen Verband, der damals aus Mitgliedsbeiträgen nur rund 15 000 DM im Jahr einnahm, war das eine nicht gerade kleine Hypothek.[57] Zum 1. April 1956 verfügte das Ministerium schließlich, dass die Vogelschutzwarte Garmisch-Partenkirchen, die bis dahin dem Landwirtschaftsministerium direkt unterstanden hatte, eine Außenstelle der Bayerischen Landesanstalt für Pflanzenbau und Pflanzenschutz in München wurde. Zugleich wurde eine strikte Trennung von Landesbund und Vogelschutzwarte angeordnet: »Die Geschäfte des Landesbundes für Vogelschutz in Bayern werden künftig nicht mehr vom Personal der Staatlichen Vogelschutzwarte geführt. Ausnahmen hiervon bedürfen der Genehmigung des Leiters der Landesanstalt und müssen auf gelegentliche Aushilfen beschränkt bleiben.«[58]

Unverkennbar zielte das Landwirtschaftsministerium auf eine Regelung der chaotischen finanziellen und institutionellen Verhältnisse, um die Arbeit von Landesbund und Vogelschutzwarte neu zu beleben. Beide verharrten jedoch in Agonie, und so produzierte der bayerische Vogelschutz auch weiterhin vor allem negative Schlagzeilen. »Teurer Dornröschen-Schlaf der Vogelschutzwarte« lautete Anfang 1958 die Überschrift zu einem Artikel im *Münchner Merkur*.[59] »Meinungsverschiedenheiten über Besitzverhältnisse und Finanzierung sowie Kompetenzstreitigkeiten haben eine heillose Verwirrung geschaffen. Es ist bis heute keinem der Beteiligten gelungen, den Knoten zu entwirren«, umriss die *Süddeutsche Zeitung* die Lage, als im April 1958 der Haushaltsausschuss des Bayerischen Landtags nach Garmisch-Partenkirchen reiste, um sich über »die seltsame Situation der staatlichen Vogelschutzwarte« zu informieren.[60] Unterdessen drohten Mitglieder des Landesbundes mit Austritt, weil dieser unter der Last seiner finanziellen Verpflichtungen kaum noch Geld für die praktische Vogelschutzarbeit übrig hatte.[61] In einem Schreiben an das Landwirtschaftsministerium sah der Vorsitzende des LBV Heribert Stauber im Herbst 1958 das Ende seines Verbandes nahen: »Ueber Sein oder Nichtsein des Landesbundes für Vogelschutz wird, wenn die schwere finanzielle Belastung weiterhin bestehen bleibt, die Zukunft bald entscheiden.«[62]

Und dann war da noch ein Problem namens Otto Henze. Hinter den Kulissen betrieb er die Verlegung der Vogelschutzwarte nach Murnau, wo Henze und der LBV-Geschäftsführer Gerhard Klammet als Privatpersonen ein geeignetes Grundstück aufgekauft hatten.[63] Auch sonst gab sich Henze durch die Krise von Vogelschutzwarte und Landesbund völlig unbeeindruckt, brach einen Konflikt mit der Staatsregierung um den Raumbedarf seiner Dienstwohnung vom Zaun und schrieb unter Umgehung des Dienstweges direkt an das Ministerium.[64] Mit Stauber stritt sich Henze gar um die Benutzung einer Waschmaschine.[65] Roman Lampl, als Leiter der Landesanstalt für Pflanzenbau und Pflanzenschutz Henzes Vorgesetzter, bat schon im Februar 1957 um dessen Ablösung, da »mit Forstmeister Dr. Henze eine zuträgliche, im Interesse des Vogelschutzes liegende, fruchtbringende Zusammenarbeit nicht möglich ist«.[66] Die Antwort des Ministerialdirektors Dürrwaechter aus dem Landwirtschaftsministerium war bezeichnend: »So sehr ich auch der Meinung bin, daß Henze wegkommen soll, bin ich doch der Meinung, daß Ihr Vorgehen beamtenrechtlich nicht möglich ist.«[67] Zwei Jahre später äußerte sich Lampl angesichts des andauernden Kleinkrieges geradezu verzweifelt: »Henze war nie gewöhnt, sich einzuordnen und Anweisungen hinzunehmen. Früher hatte er nach Belieben schalten und walten können, und daran wollte er auch heute noch festhalten.«[68] Verwundert es da noch, dass zwei Vorsitzende des LBV, der Ministerialrat Lang und der Regierungsdirektor Scheublein, Mitte der fünfziger Jahre in kurzer Folge das Handtuch warfen, weil sie mit Henze nicht zurechtkamen, und auch Stauber einen Rückzug erwog?[69] So waren die bayerischen Vogelschützer vor allem mit sich selbst beschäftigt, und die roten unverputzten Ziegelmauern der Vogelschutzwarte, die das Gebäude nach Ansicht von Journalisten »fast ein wenig verwahrlost« aussehen ließen, wirkten wie ein Spiegelbild der trostlosen Situation.[70]

Der Konflikt eskalierte am 1. Februar 1959, als der LBV zum ersten Mal seit drei Jahren wieder eine Jahresversammlung abhielt. Es war die wohl hitzigste Versammlung der Vereinsgeschichte. Der *Münchner Merkur* berichtete von »Tumultszenen beim Landesbund«, die *Süddeutsche Zeitung* sprach sogar von »nahezu tätliche[n] Auseinandersetzungen zwischen dem Vorstand und erbosten Teilnehmern«.[71] Hatte Henze den Verband durch sein Bauprojekt beinahe ruiniert, wie der amtierende Vorstand behauptete? Oder hatte der Vorstand vielmehr die Vogelschutzwarte zu schlechten Konditionen an den Staat verkauft und damit erst die Notlage des Vereins verursacht, wie Henze und der inzwischen entlassene LBV-Geschäftsführer Klammet insistierten? Als wären diese unterschiedlichen Versionen nicht schon brisant genug gewesen, gab es in der Versammlung auch noch eine wichtige Personalentscheidung zu verkünden. Kurz zuvor hatte der Bayerische Landwirtschaftsminister Alois Hundhammer Henzes Strafversetzung an das Institut für angewandte Zoologie der Forstlichen Forschungsanstalt München verfügt und Herbert Brandt zu seinem Nachfolger als Leiter der Vogelschutzwarte ernannt.[72] So gab es in der Tat eine Menge Konfliktstoff, und Anhänger wie Gegner Henzes befehdeten sich zeitweise so heftig, dass Handgreiflichkeiten tatsächlich nicht mehr ausgeschlossen werden konnten. Der Bericht der *Süddeutschen Zeitung* schloss mit dem lakonischen Satz: »Über Vögel wurde nicht gesprochen.«[73]

Die Mitglieder wussten sich nicht anders zu helfen, als zur Klärung der wechselseitigen Vorwürfe eine Untersuchungskommission einzusetzen. Der Bericht, den die zwölfköpfige Kommission nach sechs Wochen vorlegte, stützte im Wesentlichen den amtierenden Vorstand. Zwar ergab die Untersuchung einige Unregelmäßigkeiten in der Vorstandsarbeit: Henze war zu einigen Sitzungen nicht eingeladen worden, und ein Vorstandsmitglied war erst nach seiner Wahl in den LBV eingetreten. Henzes Vorwurf, der amtierende Vorstand habe dem Verband Schaden zugefügt, wurde jedoch nach Anhörung der Betroffenen und sorgfältigem Aktenstudium umfassend widerlegt. Seine Behauptung, »die Ziele des Landesbundes für Vogelschutz seien in den letzten Jahren nicht gefördert worden«, konnte nach Ansicht der Untersuchungskommission »nicht bestritten werden«, und die »Verärgerung der Mitglieder« hielt sie deshalb für »verständlich«.[74] Die Ursache erkannte die Kommission jedoch »allein in dem von Herrn Dr. Henze seit 1947 betriebenen Bau der Vogelschutzwarte in Garmisch-Partenkirchen«. Der Bau habe sich »finanziell als völlige Fehlplanung erwiesen« und den Landesbund »in sehr erhebliche finanzielle Schwierigkeiten« gebracht, zudem fehlten »ordnungsgemäße Aufzeichnungen« für die Zeit vor Staubers Amtszeit als Vorsitzender.[75] Auch Henzes Vorwurf, der Vorstand habe einen Mitgliederschwund zu verantworten, fiel letztlich auf ihn selbst zurück: »Es hat sich erwiesen, daß von der Geschäftsführung (Dr. Henze) Jahre hindurch unterlassen wurde, Austritte und notwendige Streichungen von Mitgliedern zu registrieren. Der Rückgang der Zahlen erklärte sich folgerichtig aus der vom neuen Vorsitzenden pflichtgemäß veranlaßten Berichtigung.«[76] Nach Ansicht der Untersuchungskommission hatte der LBV sein Überleben letztlich dem Vertrag von 1955 zu verdanken: »Der Bayerische Staat hat uneigennützig unter beträchtlichen Opfern und im Interesse des Vogelschutzes die schwierige Lage gerettet.«[77]

Henze hatte auf seine Entmachtung mit großer Empörung reagiert. »Jetzt geht es auf Biegen und Brechen«, erklärte er, nachdem ihn Lampl in Anwesenheit eines Abteilungsleiters aus dem Ministerium von seiner Versetzung informierte. Er würde nun »sofort zu den entscheidenden Stellen« gehen.[78] Wenige Tage später schickte er ein vierseitiges Schreiben an die Privatanschrift des Landwirtschaftsministers, in dem er weinerlich darüber Klage führte, es würden »3 Jahre lang unwahre Behauptungen aufgestellt aus Neid, Mißgunst und Haß, daß ich die Vogelschutzwarte einst zu bauen begann« – ein Vorgehen, das den rigorosen Hundham-

Die nach dem Zweiten Weltkrieg erbaute Staatliche Vogelschutzwarte am Südhang des Wank oberhalb von Partenkirchen, heute Teil des Bayerischen Landesamts für Umwelt.

mer ziemlich unbeeindruckt ließ und wohl nur aus der für Henze so charakteristischen Selbstüberschätzung zu erklären ist.[79] Anscheinend erkannte er jedoch die Aussichtslosigkeit seiner Position und verzichtete sogar auf die Gelegenheit, der Untersuchungskommission seine Version der Ereignisse zu präsentieren. Klammet sagte seinen Anhörungstermin ebenfalls ab.[80] Auch die von Henze angekündigte Klage beim Verwaltungsgerichtshof unterblieb.[81] Mit seiner Versetzung endete zugleich Henzes Mitgliedschaft im Vorstand, dem er bisher als Leiter der Vogelschutzwarte von Amts wegen angehört hatte, und doch war das Kapitel Henze damit nicht völlig abgeschlossen.[82] Henze war zum Zeitpunkt seiner Absetzung gerade 50 Jahre alt, und von seinem neuen Münchner Posten aus blieb Henze ein Ansprechpartner, dem mancher in der Forstverwaltung die Treue hielt. Die Oberforstdirektion Bayreuth korrespondierte in Sachen Vogelschutz zum Beispiel weiterhin mit Henze und nicht etwa mit der Vogelschutzwarte oder dem LBV. Selbst nach Henzes Pensionierung wurden ihm Dokumente aus der Verwaltung an seinen Altersruhesitz in Überlingen am Bodensee geschickt.[83] Man mag das als Ausdruck des für den Forstbereich so charakteristischen Korpsgeistes verbuchen, aber vielleicht auch als

Hinweis, dass Henze in Forstkreisen nach wie vor als renommierter Experte galt. Bei aller legitimen Kritik darf schließlich nicht übersehen werden, dass man Henze schwerlich einen Mangel an Leistungsbereitschaft vorwerfen konnte. So führte er im bayerischen Vogelschutz weiterhin eine schattenhafte Existenz, die die Arbeit auf Jahre hinaus belastete.

Dennoch war die Erleichterung im Landesbund unverkennbar. Die außerordentliche Mitgliederversammlung vom 19. April 1959, in der der Bericht der Untersuchungskommission zur Diskussion gestellt wurde, verlief »in voller Ruhe und Eintracht«, und Heribert Stauber wurde als Vorsitzender wiedergewählt.[84] Wohltuend war sicherlich auch, dass das Presseecho nun überwiegend freundlich war: »Vogelschützer sind wieder flügge«, verkündete der *Münchner Merkur*, während die *Süddeutsche Zeitung* konstatierte: »Sauberes Nest bei den Vogelschützern.«[85] Wie sehr die Erinnerung an den Zwist um Henze jedoch weiterhin schmerzte, zeigte der Beschluss der Versammlung, »daß der Leiter der Vogelschutzwarte künftig nicht mehr Vorstandsmitglied des Landesbundes sein darf«.[86] Auch als die Vogelschutzwarte im folgenden Juli offiziell eröffnet wurde und der erste Vogelschutzlehrgang in dem Haus gastierte, war die Vorgeschichte nicht zu verdrängen: »Zehn Jahre ›Baugeschichte‹, die erfüllt waren mit Kompetenzstreitigkeiten und persönlichem Hader, mit Auseinandersetzungen über die Finanzierung und die endgültige Gestaltung, liegen hinter diesem stattlichen Gebäude am Südhang des Wank, das nun endgültig seiner Bestimmung übergeben wird«, hieß es im Bericht des *Münchner Merkur*.[87] Selbst Brandt zeigte in einem Beitrag zur Eröffnung ein gewisses Verständnis für kritische Fragen, »ob der Vogelschutz einen derartigen stattlichen Bau und dessen Unterhaltung rechtfertigt«.[88] Dass zur Einweihung lediglich der Leiter der Bayerischen Landesanstalt für Pflanzenbau und Pflanzenschutz anreiste und Hundhammer sich durch Beamte seines Ministeriums vertreten ließ, spiegelte die gedrückte Stimmung treffend wider: Man hoffte weniger auf einen neuen Aufbruch als darauf, dass die Querelen der vergangenen Jahre nun endlich vorüber sein würden.[89] Tatsächlich steuerte der LBV in den folgenden Jahren dann auch in ruhigeres Fahrwasser, aber das darf nicht darüber hinwegtäuschen, dass die fünfziger Jahre für den bayerischen Vogelschutz letztlich ein verlorenes Jahrzehnt waren.

Zwischenbetrachtung
Vogelschutz im Wirtschaftswunderland

Zufällig war 1959 auch das Jahr, in dem sich die Gründung der staatlichen Vogelschutzkommission zum 50. Mal jährte. Den bayerischen Vogelschützern war freilich nicht nach Feierlichkeiten zumute: Nach Jahren der Selbstblockade war man einfach nur froh, dass die Streitereien endlich vorüber waren. Es wäre den Festrednern wohl auch nicht leicht gefallen, den Standort und die Aufgaben des Verbandes im Jubiläumsjahr zu bestimmen. Die Konflikte um die Vogelschutzwarte ließen in den Hintergrund treten, dass die fünfziger Jahre eine Zeit des Übergangs im bayerischen Vogelschutz markierten. In diese Zeit fiel der Beginn eines Aufbruchs in Politik und Gesellschaft, der den Weg bereitete für den Aufstieg der Umweltpolitik seit den siebziger Jahren. Zugleich veränderte sich im Zeichen des Massenkonsums aber auch der ökologische Fußabdruck der westlichen Industriegesellschaften.

Die Jahresversammlung vom 1. Februar 1959 war eigentlich der erste Moment der Vereinsgeschichte, in dem man merkte, dass der LBV tatsächlich eine Basis hatte. Der Landesbund war nicht die einzige Organisation im Bereich des Naturschutzes, die ein wachsendes Interesse an den eigenen Anliegen registrierte. Die Zeit des Wirtschaftswunders war auch von einem Unmut über die Nebenfolgen der industriellen Zivilisation geprägt, der unter dem Eindruck der Proteste seit den siebziger Jahren etwas in Vergessenheit geraten ist. Mit Wachstumskritik hatte dieser Unmut noch nicht viel zu tun. Es handelte sich in aller Regel um ein Komplementärphänomen zum ökonomischen Boom, einem Streben nach Lebensqualität in einer Zeit, in der das Leben doch sonst immer angenehmer zu werden schien. Gelegentlich wurde auch schon demonstriert, so etwa gegen die Zerstörung der Wutachschlucht im Südschwarzwald, aber das politische Klima der fünfziger Jahre machte derlei zur Ausnahme. Es gab schließlich noch andere Wege der Meinungsäußerung, und ein gemäßigter Tonfall bedeutete ja noch längst nicht, dass Anliegen nur lauwarm verfolgt wurden. Die Jahresversammlung von 1959 wäre gewiss weniger turbulent verlaufen, wenn die Teilnehmer den Vogelschutz nicht für eine ernste Sache gehalten hätten.[90]

Am stärksten war die Aufbruchsstimmung zunächst in Expertenzirkeln und in der staatlichen Verwaltung. Das kam den bayerischen Vogelschützern im Prinzip entgegen, aber der Streit um Henze und sein Bauprojekt machte jeden Gedanken an einen Neuaufbruch illusorisch. Es gab im Vogelschutz der Wirtschaftswunderjahre auch keine charismatische Führungsfigur wie den damaligen Leiter der Bayerischen Landesstelle für Naturschutz Otto Kraus, der »bisweilen fast im Stile einer zivilgesellschaftlichen Institution« agierte.[91] Nachteilig war auch die traditionelle Konzentration auf eine Land- und Forstwirtschaft, die seltsam bewegungslos neben den dramatischen Veränderungen in der Kulturlandschaft stand.

Die fünfziger Jahre gelten heute als Beginn der Großen Beschleunigung, in der die Belastung des Erdsystems durch den Menschen eine neue Qualität gewann. Energiekonsum, Schadstoffausstoß, Wasserverbrauch, Kunstdüngereinsatz – zahlreiche ökologisch signifikante Trends zeigten dramatisch nach oben und schufen in ihrem Zusammenwirken eine neue Welt, in der der Mensch auf Augenhöhe mit den Kräften der Natur stand. Seit einigen Jahren wird dies in Expertenkreisen unter dem Leitbegriff »Anthropozän« diskutiert, ein Wort, das inzwischen auch in die Alltagssprache Eingang findet. Das Jahr 1950 gilt in diesem Zusammenhang als Schwelle zu einem neuen Zeitalter.[92]

Die Anthropozän-These hat Konsequenzen, die über die hiesige Darstellung weit hinausreichen. Die vielleicht wichtigste ist, dass der anthropogene Klimawandel, oft als wichtigste ökologische Herausforderung unserer Zeit präsentiert, nur einen Teil eines umfassenden Wandels des Erdsystems darstellt, der den Arten- und Biotopschutz im 21. Jahrhundert prägen wird. Für das Verständnis des Vogelschutzes seit den fünfziger Jahren ist entscheidend, dass die Große Beschleunigung auf eine Veränderung der Aufgabenstellung hinauslief. Der Schutz der Vögel war immer weniger eine Frage des individuellen Charakters und immer mehr eine Frage des Systems. Die »rohen Burschen«, die Nisthöhlen mutwillig zerstörten, gab es immer noch, aber man konnte nicht mehr darauf hoffen, dass sich die Probleme allein durch Aufklärung und Empathie lösen lassen würden. Entscheidend waren seither schleichende Entwicklungen, die sich aufs Engste mit den Konsumgewohnheiten des Wohlstandsbürgers verbanden.

Besonders dramatisch waren die Veränderungen in der Landwirtschaft. Innerhalb einer Generation entstand seit den fünfziger Jahren eine neue Art der Agrarproduktion. Maschinen ersetzten die Kräfte von Mensch und Tier, Produktionsabläufe wurden technikgerecht umgestaltet, Ackerflächen und Betriebe wurden immer größer, und im Pflanzenschutz dominierte zunehmend die Chemie. Hektarerträge stiegen in die Höhe, auch in der Produktion von Fleisch, Milch und Eiern wuchs die Produktivität dramatisch, und oft ging die neuartige Intensität der Agrarproduktion auf Kosten der Natur. Für die Konsumenten war das hochwillkommen, jedenfalls bevor eine endlose Serie von Lebensmittelskandalen das Vertrauen des mündigen Bürgers erschütterte. Der relative Verfall der Lebensmittelpreise war ein wenig bekannter Beitrag zum Boom der Wirtschaftswunderjahre, weil dadurch das disponible Einkommen stieg. Die Kosten in der freien Natur waren da allerdings noch nicht eingerechnet, und das ist bekanntlich bis heute eine agrar- und umweltpolitische Baustelle. Für den bayerischen Vogelschutz gab es in der Nachkriegszeit jedoch noch eine viel direktere Konsequenz. Die Landwirtschaft, der man mit »nützlichen« Vögeln unter die Arme greifen wollte, gab es bald nicht mehr.

IV.
Von der Neuorientierung zum Boom

1959–1990

Jenseits der »nützlichen« Vögel

Henzes Ablösung als Leiter der Vogelschutzwarte markierte den Beginn eines langsamen Abschieds vom land- und forstwirtschaftlichen Vogelschutz in Bayern. In gewisser Weise war seine Amtszeit ein später Höhepunkt dieser Richtung des Vogelschutzes gewesen. Niemand vertrat die folgenschwere Unterscheidung von »nützlichen« und »schädlichen« Vögeln hartnäckiger als Otto Henze. In seinem wissenschaftlichen Hauptwerk, das 1943 unter dem Titel *Vogelschutz gegen Insektenschaden in der Forstwirtschaft* bei Bruckmann in München erschien, ging Henze in der utilitaristischen Betrachtungsweise so weit, dass er jene Vögel, die bestimmte Schadinsekten besonders gut vertilgten, als »Arbeitsvögel« titulierte.[1] Der Landesbund war in dieser Beziehung schon etwas weiter. Seine Satzung von 1956 nannte den »wirtschaftlichen, ideellen und kulturellen Vogelschutz« als Vereinszweck, und die Tätigkeit des Vereins sollte erreichen, »daß in den Menschen, insbesondere bei der Jugend die Liebe zu nützlichen Vögeln geweckt und gefördert wird«, zumal »solche Menschen auch sonst im Leben hilfsbereit ihren Mitmenschen gegenüber« seien.[2] Vergleichbares Pathos war von Henze nie zu hören. Ihm ging es vielmehr um »die Verbreitung des wirtschaftlichen Vogelschutzes als des anerkannt wichtigsten biologischen Schädlingsbekämpfungsmittels«.[3]

Im Grunde genommen war seine Agenda sogar noch enger, indem er dem Forstsektor einen spürbaren Vorrang gegenüber der Landwirtschaft einräumte. 1956 beklagte Ministerialdirektor Dürrwaechter, dass sich die Landesanstalt für Moorwirtschaft und Landkultur vermehrt für Landschaftsgestaltung und Windschutz interessiere, aber vom Vogelschutz in Agrarkreisen »bisher kaum etwas zu spüren« sei. Dazu müsse Henze allerdings, so Dürrwaechter in seinem freundlichen persönlichen Schreiben, zunächst einmal einen guten Draht zu dieser Klientel entwickeln und sein persönliches Verhalten entsprechend ändern: »Wenn man aber in der Landwirtschaft etwas erreichen will, dann muß man mit allen beteiligten Beratungsstellen, wie den Flurbereinigungsämtern, den beiden Landesanstalten [...] und den Landwirtschaftsämtern, engstens zusammenarbeiten und man muß eine Einstellung zu den Bauern haben, die einen den richtigen Ton auch in kleinen Bauernversammlungen finden läßt. Überheblichkeit erträgt der Bauer am wenigsten.«[4] Die väterliche Ermahnung scheint bei Henze jedoch allenfalls den Eindruck bestärkt zu haben, dass in der Landwirtschaft für seine Art von Vogelschutz wenig zu erreichen sein würde. In den folgenden Jahren versuchte er vergeblich, die Vogelschutzwarte von der Bayerischen Landesanstalt für Pflanzenbau und Pflanzenschutz zu lösen und einer forstlichen Einrichtung zuzuordnen.[5]

Die nützlichkeitsorientierte Rhetorik wurde nach Henzes Abgang zwar deutlich zurückgeschraubt, war aber nicht grundsätzlich obsolet. »Wir betreiben Vogelschutz aus ästhetischen, ethischen und ökonomischen Gründen«, schrieb Brandt 1959 und fügte hinzu, im wirtschaftlichen Vogelschutz wolle man sich »in erster Linie dem landwirtschaftlichen und gärtnerischen Vogelschutz zuwenden«.[6] Das war wohl auch der Tatsache geschuldet, dass Brandts Einrichtung weiterhin der Landesanstalt für Pflanzenbau und Pflanzenschutz unterstand, für die »der Vogelschutz als Arbeitsgebiet der Vogelschutzwarte den Schutz aller vorhandenen Vogelarten vornehmlich vom Nützlichkeitsstandpunkt des Menschen aus« umfasste. Andere Arten von Vogelschutz wollte die Landesanstalt bei der Vogelschutzwarte lediglich »als eine Art Amtshilfe für die Naturschutz- und Jagdbehörden« tolerieren und keinesfalls unter die Dienstaufgaben aufnehmen.[7] Aber auch der Landesbund trat weiter für den wirtschaftlichen Vogelschutz ein und versandte noch 1963 ein Rundschreiben, um Vogelschutzlehrgänge für Mitarbeiter der Agrarverwaltung zu bewerben.[8] Das am längsten amtierende Vorstandsmitglied war 1971 Hermann Piehler vom Bayerischen Bauernverband. Allerdings ist bezeichnend, dass Piehler in einer Vorstellung seiner Person den wirtschaftlichen Nutzen des Vogelschutzes nicht mehr erwähnte und als Motive für sein Engagement im LBV vielmehr »seine Liebe zur Jagd und Hege sowie zur Vogelwelt« sowie »seine Tätigkeit beim Bayer[ischen] Bauernverband« anführte.[9]

Die Agrarentwicklung der Nachkriegszeit lief auf einen stillen Abschied vom landwirtschaftlichen Vogelschutz hinaus. Man brauchte ihn einfach nicht mehr, denn im Pflanzenschutz regierte nun die Chemie. Selbst Henze hatte die Möglichkeiten des Vogelschutzes im Vergleich mit der Agrarchemie auffallend zurückhaltend beschrieben, als er 1949 einen Beitrag in der Zeitschrift *Pflanzenschutz* veröffentlichte: »So wie die chemische Bekämpfung die Großarbeit gegen eine Insektenart leistet, so leisten die Vögel die Kleinarbeit an den entkommenen Insekten und drücken die Zahl der übriggebliebenen noch weiter herab, daß fast nichts mehr von ihnen zu merken ist.«[10] Mit dem Trend zur intensiv bewirtschafteten Obstplantage war der landwirtschaftliche Vogelschutz selbst aus Sicht seiner eifrigsten Befürworter grundsätzlich unvereinbar: »Je großflächiger und intensiver der Obstanbau ist, um so mehr leiden die Vögel an der Insektenarmut chemisch ununterbrochen behandelter Obstbäume. Dazu kommen noch in solchen Obstanlagen im Gegensatz zum Wald mehr Wind, mehr schräge Regenschauer, heckenloses, d. h. schutzloses Gelände und erhöhte Katzen- und Sperbergefahr.«[11] So wirkte die Hilfe der gefiederten Freunde gegenüber der Patentlösung mit der Giftspritze immer mehr wie ein Anachronismus.

Selbst in Forstkreisen kam Henzes Vorstellung von Vogelschutz zunehmend unter Druck. Das zeigte sich, als Henze 1965 in der Jagdzeitschrift *Die Pirsch* gegen einen übermäßigen Schutz der Greifvögel argumentierte (die er selbst lieber als *Raub*vögel bezeichnet wissen wollte) und dabei wieder einmal betonte, »daß der Sperber unter den Singvögeln schwere Verluste und erhebliche Störungen hervorrufen kann«.[12] Ulrich Brüll von der Forschungsstation Wild, Wald und Flur im holsteinischen Hartenholm reagierte darauf mit einem offenen Brief, der Henze nicht nur Unkenntnis der Literatur und zweifelhafte Zahlen vorwarf, sondern vor allem einen völlig verfehlten Ansatz, der Vogelarten isoliert von ihren Lebensräumen betrachtete: »Jeder Greifvogel, also auch der Sperber, kann nur und ausschließlich, was sein Wirken im Rahmen des Gesamtlebenskomplexes seines Biotops anbelangt, in Relation zu den in dem umschriebenen Biotop siedelnden Populationen seiner Beutetiere richtig beurteilt werden!«[13] Henze reagierte mit einem larmoyanten Schreiben, das weniger die wissenschaftlichen Fragen als die Zwänge der praktischen Forstwirtschaft betonte und für Brülls Plädoyer, den Blick auf den gesamten Lebensraum zu erweitern, allenfalls spöttische Bemerkungen übrig hatte: »Der Beamte müßte also geradezu das ganze Jahr über hinter dem Sperber seines Reviers herlaufen – besser fliegen –, um einwandfrei und lückenlos festzustellen, wieviele und welche Vögel der Sperber nun geschlagen hat!«[14] Es dauerte freilich noch ein paar Jahre, bis am 1. April 1971 in Bayern eine ganzjährige Schonzeit für alle Greifvögel in Kraft trat.[15]

Auch das Buch *Gefiederte Freunde in Garten und Wald*, das Henze zusammen mit Günther Zimmermann geschrieben hatte und 1964 erschien, blieb nicht ohne Kritik.[16] Der *Anzeiger der Ornithologischen Gesellschaft in Bayern* veröffentlichte noch im Jahr des Erscheinens einen ziemlich rüden Verriss. Der Schriftleiter des *Anzeigers* sprach in seiner Rezension von »stilistischen und sachlichen Flüchtigkeiten, Unrichtigkeiten, ja sogar ausgesprochenen Fehlern, die auch in einem für Anfänger bestimmten Buch zu vermeiden gewesen wären«, monierte mit Blick auf die Unterscheidung von nützlichen und schädlichen Arten eine »etwas überholte Betrachtungsweise der Vögel« und fügte den Hinweis an, dass Henzes »mit dogmatischer Sicherheit vorgetragene Ansichten verwundern bei einem Fachmann als Autor«.[17] Eine solche Kritik wurde in den sechziger Jahren auch innerhalb der Staatsverwaltung zunehmend goutiert. Der Verfasser der Rezension war nämlich Einhard Bezzel, und dieser übernahm am 1. Mai 1966 als Nachfolger Herbert Brandts die Leitung der Vogelschutzwarte Garmisch-Partenkirchen. Wenig später rückte Bezzel auch in den Dreiervorstand auf, der den Landesbund seit einer Satzungsänderung 1965 führte.[18]

Bezzel gehörte zu einer neuen Generation von Vogelschützern, die ihr Thema breiter anging als die bisherige Klientel des Verban-

Einhard Bezzel an seinem 80. Geburtstag mit den LBV-Vorsitzenden Ludwig Sothmann und Norbert Schäffer.

des, welche vor allem auf den Schutz der Singvögel ausgerichtet war: Gärtner und andere Vogelfreunde, die Nistkästen aufhängten, oder Lehrer, die ebensolche im Schulunterricht basteln ließen – »konservative Leute der unteren Mittelschicht«, wie sie Bezzel im Rückblick beschreibt.[19] Wenn nun jedoch Greifvögel vermehrtes Interesse auf sich zogen – der Wanderfalke wurde 1971 der erste »Vogel des Jahres« –, dann bedeutete das nicht nur die Einbeziehung von bislang vernachlässigten Vogelarten. Es begünstigte auch ein neues Denken in ökologischen Zusammenhängen. Der Blick weitete sich vom Nistkasten und seinem unmittelbaren Umfeld auf ganze Landschaften, die den Greifvögeln als Jagdgebiete dienten. Wo zuvor das korrekte Aufhängen von Nistkästen und ihre regelmäßige Reinigung genügt hatten, um den Belangen des Vogelschutzes zu entsprechen, war nun der Schutz ganzer Biotope gefordert. Für manche der älteren Vogelschützer dürfte es ein regelrechter Kulturschock gewesen sein, zumal sich unter den Vertretern der jüngeren Generation auch etliche bärtige Naturburschen befanden, die sich vom bisherigen Establishment schon äußerlich unterschieden. Allerdings blieb der Zulauf zahlenmäßig noch recht überschaubar. Von 1958 bis 1969 stieg die Mitgliederzahl nur recht moderat von 7985 auf 10 519.[20]

Die Neuausrichtung des Vogelschutzes führte zu einem wachsenden Interesse an großen Flächen, die unter vogel- und naturschützerischen Gesichtspunkten besonders wertvoll waren. 1972 beklagte Bezzel in einem Beitrag für das *Mitteilungsblatt* des LBV »das Sterben der Moore«, sein frisch ernannter Stellvertreter als Leiter der Vogelschutzwarte Helmut Ranftl gab an gleicher Stelle seinen Einstand, indem er »eine Lanze für die Biotop(= Lebensraum)- Verbesserung« brach.[21] Aus seiner Meinung über den »klassischen« Vogelschutz machte Ranftl dabei keinen Hehl: Kritisch stellte er fest, »daß sich für viele Vogelliebhaber der Vogelschutz in der Winterfütterung und dem Anbringen von Nisthöhlen erschöpft«.[22] Vermehrt finden sich in den *Mitteilungsblättern* dieser Jahre Beiträge über besonders wertvolle Feuchtgebiete wie das Wemdinger Ried, die Mertinger Hölle oder den Thundorfer Weiher bei Schwandorf. Als Anfang der siebziger Jahre im Donauried eine große Versuchsanlage für Verkehrssysteme gebaut werden sollte – es ging unter anderem um die Transrapidstrecke, die dann im Emsland errichtet wurde[23] –, meldete deshalb neben dem Bund Naturschutz und dem Tierschutzverein Augsburg auch der LBV seinen Protest an.[24]

Die Unterscheidung von Vogelschutz und Naturschutz wurde durch die neue Ausrichtung der Arbeit zunehmend unscharf, und das führte zu wachsenden Überschneidungen in den Tätigkeitsfeldern von Landesbund und Bund Naturschutz. Um die Kräfte zu bündeln und Konflikte frühzeitig zu vermeiden, kamen die Verbände überein, die jeweiligen Spitzengremien miteinander zu verzahnen: Hubert Weinzierl saß im Vorstand des LBV und Einhard Bezzel im Vorstand des Bundes Naturschutz.[25] Weitere Kooperationen ergaben sich aus dem gemeinsamen Interesse verschiedener Organisationen und Körperschaften an denselben Gebieten. Im Falle des Wemdinger Rieds bildete sich zum Beispiel Anfang 1970 eine Schutzgemeinschaft, der die Ornithologische Gesellschaft in Bayern, die Stadt Wemding, die Landkreise Nördlingen und Donauwörth sowie einige Privatpersonen angehörten und die vom Landesbund und dem Bund Naturschutz bei Grundstückskäufen finanziell unterstützt wurde.[26] Die treibende Kraft der Schutzgemeinschaft war Heinrich Greiner, der 1975 in den erweiterten Vorstand des LBV aufrückte und 1978 zum Zweiten Vorsitzenden gewählt wurde.[27] Auf diesem Posten blieb er bis 1994.[28]

Solche Grundstückskäufe wurden in dieser Zeit auch andernorts zu einem Schwerpunkt der Vogelschutzarbeit. Schon 1970 erwarb der Landesbund Streuwiesen im Donauried bei Mertingen und Nasswiesenflächen bei Hirschlach im Landkreis Gunzenhausen.[29] 1976 nutzte der Verband die gemeinsam mit dem Bund für Natur- und Umweltschutz und dem Deutschen Bund für Vogelschutz initiierte Öffentlichkeitsaktion »Rettet die Vögel«, um im Gundelfinger Moos mit finanzieller Unterstützung aus Umwelt- und Landwirtschaftsministerium rund 27 Hektar für den Vogelschutz zu sichern.[30] Als Ende der siebziger Jahre eine halbe Million DM in Schutzgebiete investiert worden war, verkündete der LBV stolz, er habe »in den letzten beiden Jahren für den Grundstückskauf mehr Geld verwendet als in seiner gesamten bisherigen 70jährigen Vereinsgeschichte«.[31] Allerdings waren die gekauften Flächen doch zumeist sehr viel kleiner als die großen Naturräume, deren umfassender Schutz nun auf der Agenda stand. Als der LBV im Oktober 1980 für eine knappe Viertelmillion Mark ein 31 Hektar großes Niedermoorgebiet im Loisach-Kochelsee-Moor kaufte, war dies der bis dahin größte Biotopschutzkauf einer privaten Naturschutzorganisation in Bayern.[32]

Zur Sicherung der Flächen bedurfte es aber nicht nur des Grunderwerbs, sondern auch der laufenden Biotoppflege. Hier entwickelte sich auf der Ebene der Kreisgruppen ein neues Tätigkeitsfeld, in dem sich der Idealismus der Vogelschützer besonders nachdrücklich dokumentierte. Im Gundelfinger Moos leistete die Kreisgruppe Augsburg zum Beispiel in jedem Herbst vier bis fünf Arbeitseinsätze, ohne dass es dafür eine staatliche Unterstützung gab. Selbst das erforderliche Mähgerät und eine Motorsäge mussten durch Spenden finanziert werden, an stark vernässten Stellen wurde mühselig mit der Sense gemäht.[33] In der Pupplinger Au bei Wolfratshausen bewachten 1971 sechs Mitglieder von Landesbund, Ornithologischer Gesellschaft und den Vogelfreunden im Landkreis Wolfratshausen eine Kiesbank, die Flussseeschwalben als Brutplatz diente, aber zugleich immer wieder von ahnungslosen Badegästen betreten wurde. Die meisten zeigten für die Bewachung

Verständnis, und einer der Badegäste versprach sogar, bei der Aktion im folgenden Jahr mitzumachen.[34]

Die neue Generation der Vogelschützer brachte jedoch nicht nur neue Aufgaben und Konzepte in den bayerischen Vogelschutz, sondern auch den Abschied von einigen tradierten Vorstellungen. Das galt zunächst für die Berlepsch'sche Unterscheidung nützlicher und schädlicher Vögel. Schon 1972 äußerte sich Bezzel darüber mit spürbarer Unduldsamkeit: »Man sollte eigentlich glauben, daß das dem 19. Jahrhundert entstammende starre Klischeedenken in den Kategorien ›nützlich‹ und ›schädlich‹ bei der Beurteilung der biologischen Rolle unserer Vögel endlich einmal überwunden sei.«[35] Als ein halbes Jahrzehnt später ein Leserbrief in *Die Pirsch* über den »mordgierigen« Habicht klagte, konstatierte Bezzel lakonisch: »Haßgefühle und Vernichtungsaufrufe haben im modernen Vogelschutz keinen Platz.«[36] Noch in den achtziger Jahren klagte Bezzel in einem Festvortrag auf der Landestagung des LBV über »Schlagzeilen der Presse«, in denen »fast pausenlos irgend welchen Tieren der Kampf angesagt [werde], weil sie zur Plage oder zur Gefahr werden«.[37] In der Vogelschutzwarte beendete Bezzel unterdessen die seit den dreißiger Jahren praktizierte, aber ökologisch fragwürdige Pflege verletzter Vögel. Welche Bedeutung diese Tätigkeit bis dahin gehabt hatte, lässt sich schon daran erkennen, dass das Futtergeld der größte Haushaltsposten war, als Bezzel die Leitung der Einrichtung übernahm. Manchmal waren die kranken Vögel sogar von der Polizei mit Blaulicht zum Gsteig gebracht worden. Allerdings waren die mit wilden Vögeln bestückten Volieren zugleich eine Touristenattraktion, und so drängten das Ministerium wie auch Lokalpolitiker mit Nachdruck darauf, die Pflegestation zu erhalten. Erst als Bezzel auf dem Dienstweg die Einstellung eines Tierarztes und eines Tierpflegers forderte, um eine vernünftige Betreuung zu gewährleisten, auf ungelöste versicherungsrechtliche Probleme der Tierschau hinwies und zudem erklärte, dass der vorhandene Zustand im Widerspruch zum Tierschutzgesetz stehe und deshalb den Protest von Tierschutzvereinen provozieren könne, gaben die Vorgesetzten nach.[38]

Zum Wandel des Verbandes gehörte auch die Entspannung an altbekannten Fronten. 1975 veröffentlichte das *Mitteilungsblatt* einen Beitrag über »Katzenhaltung und Vogelschutz«, der am Ende zu dem Ergebnis kam: »Eine ernsthafte Gefährdung unserer Singvogelwelt durch Katzen ist in der Regel nicht gegeben. Bei etwas Toleranz der Tierfreunde verschiedener Lager kann dieses Problem in beiderseitigem Einvernehmen gelöst werden.«[39] Zwei Jahre später druckte das Organ eine Erklärung der Deutschen Sektion des Internationalen Rats für Vogelschutz zur Vogeljagd in Italien, die das Problem zwar nicht negierte, aber doch immerhin die Relationen zurechtrückte: »Die Hauptursache für den Rückgang unserer Brutvögel ist die anhaltende Lebensraumzerstörung, wofür unsere Behörden und Politiker die volle Verantwortung tragen.«[40] Das Thema war damit allerdings nicht erledigt, und die italienischen Verhältnisse blieben in Vogelschutzkreisen ein Dauerthema. 1984 enthielt die Verbandszeitschrift etwa einen grausig bebilderten Aufsatz über das »Relikt« der Vogeljagd in Mittelmeerländern, der unterstellte, die Zugvögel würden dort »hauptsächlich aus Lust am Töten erlegt«, da Hunger und Armut nur in den seltensten Fällen als Motive erkennbar seien.[41] Im folgenden Jahr wurde ein Artikel über die Vogeljagd in Griechenland gar als »Kriegsbericht« betitelt.[42] Als sich in den fränkischen Weinanbaugebieten vermehrt Vögel in den feinmaschigen Acrylnetzen zum Schutz der Reben verfingen, lautete die Überschrift des entsprechenden Beitrags: »Italienische Verhältnisse in Bayerischen Weinbergen?«[43]

Wie leicht den Landesbund jedoch die traditionellen Themen wieder einholen konnten, zeigte sich 1974, als ein ungewöhnlich kalter Herbst eine Kette von Ereignissen auslöste, die zeitgenössisch als »Schwalbenkatastrophe« bezeichnet wurde. Tierschützer organisierten zunächst vereinzelte Fangaktionen und transportierten die Vögel nach München-Riem, von wo sie mit dem Flugzeug über die Alpen kutschiert wurden. Die Verschickungsaktion gewann durch Presseberichte eine ungeheure Eigendynamik. Wahllos wurden Schwalben gefangen, sogar Nester in Ställen zerschlagen, um die dort nächtigenden Schwalben einzusammeln, während die Auffangstellen der Tierschutzvereine geradezu überquollen. Die Verluste waren allem Anschein nach horrend. Viele Schwalben verendeten während langer Wartezeiten in Kartons, verhungerten oder starben an unzulänglichen Fütterungsmaßnahmen, ganz abgesehen davon, dass selbst Vögel, die die Tortur überlebten und lebend freigelassen wurden, noch den strapaziösen Flug über die Sahara zu überstehen hatten. Besonders fatal war, dass die Vogelschützer, angefangen bei der Vogelschutzwarte in Garmisch-Partenkirchen, von Anfang an eher für Zurückhaltung plädierten und dafür von Tierschutzvereinen temperamentvoll attackiert wurden. Da die gesamte »Schwalbenaktion« von einer intensiven medialen Aufmerksamkeit begleitet wurde, war der Imageverlust enorm. Gegen die Empathie für unterkühlte Vögel wirkten die fachlich gut begründeten Mahnungen wie brüske Hartherzigkeit. Am Ende war, wie Bezzel mit einem Anflug von Bitterkeit bilanzierte, die Presse »einziger Nutznießer der Situation«.[44]

Der Naturschutz erfuhr durch das vom Europarat ausgerufene »Europäische Naturschutzjahr 1970« einen beträchtlichen Schub, wie die zahlreichen öffentlichkeitswirksamen Veranstaltungen in Bayern dokumentierten.[45] Das Gleiche galt für die berühmte Schaffung des ersten Landesumweltministeriums in Bayern in diesem Jahr. Für den Vogelschutz hatte die Einrichtung des neuen Ressorts allerdings auch Züge eines Charaktertests, indem seine Reaktion die Grenzen seiner Innovationsbereitschaft beleuchtete. Anders als der Naturschutz wurde der Vogelschutz nicht in das neue Staatsministerium für Landesentwicklung und Umweltfragen eingegliedert. Die Vogelschutzwarte gehörte weiterhin zum Staatsministerium für Ernährung, Landwirtschaft und Forsten, und der LBV blieb vorerst seiner traditionellen Anbindung an dieses Ministerium treu. Diese Zuordnung wurde 1975 noch zusätzlich zementiert, als die Vogelschutzwarte in Institut für Vogelkunde umbenannt wurde, um jede Assoziation mit Natur- und Umweltschutz aus ihrem Namen zu tilgen.[46] Die Absicht des Umweltministers Max Streibl, die Vogelschutzwarte in das neue Landesamt für Umweltschutz einzugliedern, wurde erst zwei Jahrzehnte später umgesetzt, als Streibls persönlicher Referent Edmund Stoiber zum Ministerpräsidenten aufgestiegen war.

Mit dem Nutzen des Vogelschutzes für die Land- und Forstwirtschaft hatte diese strategische Entscheidung freilich nichts mehr zu tun. Es ging um den Erhalt bestehender Beziehungen und die Konkurrenz zweier Ressorts um Stellen und Kompetenzen. Das wurde spätestens deutlich, als der bayerische Landwirtschaftsminister Hans Eisenmann 1978 auf der Landestagung des LBV sprach. In seinem Vortrag hob Eisenmann die Vögel vor allem als

»lebenswichtige Kontrollsysteme im Zusammenspiel der biologischen Abläufe« hervor: »Ihre Artenzahl und ihr Bestand zeigt uns an, wo wir Menschen Fehler gemacht haben.«[47] Der Wert des Vogelschutzes für Obst- und Weinbau galt nun offenbar als so gering, dass er selbst im Rahmen einer solchen Sonntagsrede übergangen werden konnte. Dennoch erhielt der LBV noch Anfang der achtziger Jahre aus dem Landwirtschaftsministerium einen Zuschuss von 43 000 DM, was immerhin ein gutes Viertel der damaligen Personalausgaben ausmachte.[48] Erst nach und nach wurde das Umweltministerium zum wichtigeren Ansprechpartner der bayerischen Vogelschützer.

Die Anbindung an das Landwirtschaftsressort erscheint im Rückblick wie ein Anachronismus, denn mit dessen Klientel verbanden die Vogelschützer in den siebziger Jahren vor allem hartnäckige Konflikte. Dazu zählte etwa der notorische Zwist mit den Jägern, der nicht zuletzt dadurch angeheizt wurde, dass sich die Jagd bis in die Spitzen der Staatsverwaltung einer hartnäckigen Protektion erfreute. Mehrfach wurde Bezzel ins Ministerium zitiert, weil er sich abfällig über die Jagd geäußert hatte.[49] Nach dem Erlass der ganzjährigen Schonzeit für Greifvögel beklagte der LBV in seinem *Mitteilungsblatt* ein »Kesseltreiben auf geschonte Vogelarten«, weil sich viele Jäger mit dem Verbot der Bejagung partout nicht abfinden wollten.[50] Allerdings musste der LBV auch seine Mitglieder ermahnen, von eigenmächtigen Aktionen abzusehen wie etwa im Frühjahr 1973, als ein oberbayerischer Jäger seine Fasanenfütterungen zerstört vorfand und dazu einen Zettel mit folgendem Wortlaut: »Hallo Ihr Jäger! Kümmert euch lieber um unsere letzten Rauhfußhühner, unsere seltenen Greifvögel und Eulen, anstatt Euch mit diesem blödsinnigen aus China eingeschleppten Federvieh zu befassen!«[51] Auch die »fischereischädlichen Vögel« boten in den siebziger Jahren reichlich Konfliktstoff, zumal zuverlässige Angaben zu Bestandsgrößen in vielen Fällen noch nicht verfügbar waren.[52]

Mit der Landwirtschaft gab es für die Vogelschützer ebenfalls vielfältige Reibungsflächen. Für den Biotopschutz war die neuartige Düngungsintensität ein kritischer Punkt, da die Artenvielfalt auf mit Stickstoff überdüngten Flächen geradezu erstickt wurde. Hier war es bereits heikel, das Problem überhaupt zu benennen: Bezzel wurde einmal von einem Vorgesetzten belehrt, dass es Überdüngung gar nicht gebe, schließlich dünge der bayerische Bauer »nach besten fachlichen Vorstellungen«.[53] Konfliktträchtig war auch die Flurbereinigung, zumal die Staatsverwaltung hier unmittelbar beteiligt war. Ein Ministerialrat des Landwirtschaftsministeriums konzedierte 1972 auf der Jahresversammlung des LBV, es gebe beim Vogelschutz »Schwierigkeiten [...] in der Flurbereinigung, wo trotz vieler Besserungen es bei den Landwirten noch an der nötigen Aufgeschlossenheit fehle«.[54] In Feuchtgebieten war der Konflikt zwischen Naturschutz und Landwirtschaft geradezu die Regel, und bisweilen trugen die Auseinandersetzungen Züge eines regelrechten Kleinkrieges. Im Gundelfinger Moos stritt sich die LBV-Kreisgruppe Augsburg zum Beispiel mit Landwirten, die in den Jahren 1977 und 1978 bestehende Entwässerungsgräben übermäßig vertieft hatten. Zunächst untersagte die Untere Naturschutzbehörde beim Landratsamt Dillingen die Bauarbeiten und ordnete unter Verweis auf das Bayerische Naturschutzgesetz die Wiederherstellung des ursprünglichen Zustandes an. Als die Landwirte dem nicht nachkamen, erhielt die Kreisgruppe den Auftrag, in die Entwässerungsgräben Staudämme einzubauen, um den Wasserverlust im Moor zu verringern. Diese Dämme wurden jedoch von den Landwirten in einer Nacht- und Nebelaktion wieder zerstört, wofür sie vor dem Amtsgericht Augsburg sogar Recht bekamen. Im Hintergrund leistete das Wasserwirtschaftsamt Krumbach den Landwirten freundliche Unterstützung.[55]

Die Konflikte mit Landwirten und Jägern bedeuteten auch, dass die Situation für Bezzel zunehmend ungemütlich wurde. Als treibende Kraft im Vorstand des Landesbundes konnte und wollte er den Auseinandersetzungen nicht aus dem Wege gehen, aber als Leiter der Vogelschutzwarte unterstand er zugleich einem Ressort, das vor allem auf die Interessen der Gegner des Vogelschutzes ausgerichtet war. Unter seiner Leitung war der LBV zwar deutlich agiler und lebendiger geworden, aber zugleich stellte sich damit immer mehr die Frage, ob ein Staatsbeamter an der Spitze eines zivilgesellschaftlichen Verbandes nicht eigentlich ein Anachronismus war. So begann man sich in der Führung nach möglichen Nachfolgern umzuschauen, und eines Abends telefonierte Bezzel deshalb mit dem Hilpoltsteiner Volksschullehrer Alfred Reinsch, schon damals eines der altgedienten Mitglieder des Verbandes.[56]

Dieser dachte gleich an einen Menschen, den er schon als Schüler kennengelernt hatte und der nun in seiner Heimatstadt als Apotheker arbeitete: Ludwig Sothmann.

Ein Apotheker als Vorsitzender

Als Kandidat für den Vorsitz war Ludwig Sothmann, geboren 1940 in Nordhausen im Harz und 1949 mit seiner Familie aus der Sowjetischen Besatzungszone nach Franken geflohen, in mehrfacher Beziehung eine ungewöhnliche Wahl. Erstens war er der erste Freiberufler in dieser Position. Unter den gegebenen Umständen war das freilich eher ein Vorteil, da die Krise der traditionellen Beamtenherrschaft im LBV offenkundig war. Zweitens war er kein in der Wolle gefärbter Ornithologe, sondern eher auf einen allgemeinen Naturschutz hin ausgerichtet. Als Kind hatte Sothmann Bücher über Naturthemen verschlungen, von einer Karriere als Polarforscher geträumt und später, inspiriert von Bernhard Grzimek, eine Reise nach Afrika unternommen, während er in München Chemie und Pharmazie studierte.[57] Für einen Verband, der sich seit den sechziger Jahren mühsam von einem isolierten Blick auf ausgewählte Vögel zu einem ökologischen Vogelschutz vorgearbeitet hatte, stand mithin die nächste Erweiterung des Horizontes an: Sothmann wollte einen Arten- und Biotopschutz in seiner ganzen Breite. Drittens war Sothmann eigentlich längst bei der Konkurrenz verpflichtet. Er war beim Bund Naturschutz Leiter der Kreisgruppe Roth, Mitglied des Beirats und acht Jahre im Landesvorstand.[58]

Immerhin sprach für Sothmann, dass er schon früh eine erfolgreiche Kampagne für den Vogelschutz geleitet hatte. Nachdem sich Sothmann 1969 als Apotheker in Hilpoltstein niedergelassen hatte, begeisterte ihn Reinsch für die Wiesenbrüter im nahegelegenen Schwarzachtal. Als die beiden bei ihren Untersuchungen vor Ort bemerkten, dass dort ein Flugplatz gebaut werden sollte, waren sie empört, und Sothmann sammelte in seiner Apotheke Unterschriften gegen das Projekt. Am Ende waren es zwar nur 3000 Unterschriften, aber das reichte um 1970 bereits, um vom Staatsminister für Wirtschaft und Verkehr Anton Jaumann persönlich empfangen zu werden. Sothmann hatte sich gründlich vorbereitet und die dubiosen Umstände des Projekts recherchiert. Landeplätze gab es in der Umgebung genug, die Initiatoren waren vor allem von der Absicht getrieben, auf anderen Flugplätzen Hangargebühren zu sparen, und außerdem fehlte die naturschutzrechtliche Genehmigung. Jaumann zeigte sich im Gespräch beeindruckt: »Wenn das, was Sie sagen, stimmt, ist der Flugplatz weg.«[59] Drei Wochen später erhielt Sothmann einen Anruf aus dem Ministerium, dass das Projekt tatsächlich gestoppt war. Der rasche Erfolg, der aus heutiger Sicht fast wie ein modernes Märchen klingt, machte ihn in Naturschutzkreisen schlagartig bekannt.

Durch seine Mitarbeit im Bund Naturschutz lernte er das Innenleben eines Vereins kennen, der in den frühen siebziger Jahren der vielleicht agilste Naturschutzverband Deutschlands war. 1969 war Hubert Weinzierl zum Vorsitzenden des Bundes Naturschutz gewählt worden und machte sich seither daran, den bis dahin ziemlich staatsnahen Verein – sein Vorgänger war der ehemalige Regierungspräsident von Oberbayern Johann Mang – mit viel Elan aufzumischen. »Wir müssen endlich damit aufhören, unsere Sorgen im Rahmen von Wandervereinigungen oder am Biertisch zu diskutieren. Anstatt Selbstgespräche zu führen, wollen wir den neuzeitlichen Naturschutz zum Politikum aufwerten, das auch in Wahlkämpfen nicht uninteressant sein dürfte«, erklärte Weinzierl in seiner Antrittsrede.[60] 1972 gründete sich auf Weinzierls Anwesen in Heiligenstadt die »Gruppe Ökologie«, die unter der Leitung von Konrad Lorenz ein »Ökologisches Manifest« formulierte; zu dieser Gruppe stieß später auch Sothmann.[61] Für aufgeschlossene Naturschützer waren es spannende Zeiten: Der neue Naturschutz war aufmüpfig, öffentlich sichtbar und auch intellektuell anregend.

Als Sothmann vom Interesse an seiner Person erfuhr, suchte er deshalb die Nähe Weinzierls. Daraus sprach nicht nur die Verbundenheit zur charismatischen Führungsperson des bayerischen Naturschutzes. Es gab auch einen konkreten verbandspolitischen Grund. Seinerzeit kursierten heftig umstrittene Pläne, den Landesbund als eigenständige Organisation aufzulösen und in den Bund Naturschutz einzugliedern. Auf einer Wanderung in Ebrach gelangten Weinzierl, Sothmann und Georg Sperber jedoch zu der gemeinsamen Einsicht, dass zwei kräftige, aber organisatorisch getrennte Verbände sinnvoll wären und den bayerischen Naturschutz stärken würden.[62] Nach weiteren Gesprächen erklärte er sich zur Kandidatur bereit, stellte aber eine Bedingung: die Abschaffung des in der damaligen Vereinssatzung verankerten Dreiervorstands. Den LBV wollte Sothmann gerne führen, durchaus auch auf längere Sicht, aber eben nur als einziger Vorsitzender.

Die selbstbewusste Forderung scheint der Führung des Landesbundes ziemlich imponiert zu haben. Sie lud zu einer außerordentlichen Mitgliederversammlung am 12. November 1977, auf der eine neue Satzung zur Diskussion gestellt und schließlich in einem Akt demonstrativer Einmütigkeit ohne Enthaltungen und Gegenstimmen angenommen wurde. Zugleich trat der bisherige Vorstand bei dieser Versammlung zurück, blieb aber kommissarisch im Amt, bis nach der geänderten Satzung eine neue Führungsmannschaft gewählt werden konnte.[63] Am 28. Januar 1978 wurde Sothmann dann in einer erneuten Versammlung zum Vorsitzenden gewählt.[64] Es war eine Zäsur für den LBV und doch zugleich ein sehr harmonischer Übergang, der ohne Gegenkandidaten oder Zerwürfnisse über die Bühne ging: Die Zeit war für einen Neuaufbruch offenkundig reif gewesen. Auch im Landwirtschaftsministerium wurde der Wechsel an der Vereinsspitze goutiert, was sich unter anderem darin niederschlug, dass Agrarminister Eisenmann den Zuschuss für die Vereinsarbeit ab dem Haushaltsjahr 1979 um 30 Prozent aufstockte.[65] Noch wichtiger war, dass Sothmann schon wenige Monate nach seiner Wahl als erster Vertreter des LBV in den Obersten Naturschutzbeirat beim Staatsministerium für Landesentwicklung und Umweltfragen berufen wurde.[66]

Seine programmatischen Ziele erläuterte Sothmann den Mitgliedern in einer Grundsatzrede über »Zweck und Aufgabe des Landesbundes«, die im *Mitteilungsblatt* des LBV abgedruckt wurde. »Wir wollen in dieser Gesellschaft ein konstruktiver Unruhefaktor sein; wir wollen alle Verantwortlichen zum Nachdenken zwingen, wann immer Lebensraum und Existenz von Vögeln auf dem Spiele steht«, hieß es darin in einer Formulierung, die der Antrittsrede Weinzierls nicht ganz unähnlich klang.[67] Wo Weinzierl jedoch kämpferisch auf Wahlkämpfe geschielt hatte, setzte Sothmann andere Akzente: »Wir sind zu jedem sachlichen Gespräch bereit. Wir sind nicht auf Konfrontation aus, sondern setzen auf

Ludwig Sothmann bei einem Jugendtreffen in den achtziger Jahren. Der Zuhörer ganz rechts ist der heutige Vorsitzende Norbert Schäffer.

kooperative Zusammenarbeit mit allen, die mit Natur und Landschaft etwas zu tun haben und dem Lebensrecht unserer Vögel zu einem höheren moralischen Stellenwert in unserer Gesellschaft verhelfen wollen.«[68] Zwar stimme der Bekanntheitsgrad des LBV »mit der verbandspolitischen Macht, die sich hinter 11.500 Mitgliedern verbirgt, nicht überein«, aber das war für Sothmann kein Grund für lärmige Betriebsamkeit: »Ein Verband wie der unsere lebt nicht von der Schlagzeile um der Sensation willen, sondern von der Ernsthaftigkeit seines Anliegens. Unsere Stärke in der gesellschaftspolitischen Auseinandersetzung wird das Argument und nicht die größere Lautstärke sein.«[69] Schon hier war also jene Präferenz für vertrauensvolle Zusammenarbeit und Verhandlungen zu erkennen, die dann zum Stilmerkmal der Ära Sothmann wurde und einen wichtigen Unterschied zum Bund Naturschutz markierte. Mit seinem konfrontativeren Auftreten war der Bund Naturschutz zwar in der Öffentlichkeit zumeist besser sichtbar, aber bei der Vernetzung hinter den Kulissen hatte der Landesbund nicht selten die Nase vorn.

Eine der ersten Veränderungen betraf das Vereinsorgan. Bis dahin hatte der Verband seine Mitglieder durch ein *Mitteilungsblatt* informiert, das sich aus den Jahresmitteilungen des LBV entwickelt hatte. Das *Mitteilungsblatt* war eine klassische Vereinspostille gewesen, die mit Buchbesprechungen und Rubriken wie »Aus der Tätigkeit des Landesbundes« vor allem die Aktiven ansprach; der letzte Jahrgang umfasste 48 Seiten. Die neue Zeitschrift, unter dem Titel *Vogelschutz* vom Kilda-Verlag in Greven gedruckt, war hingegen bunt, lebendiger und auch sehr viel dicker: Bei vergrößertem Format kam der erste Jahrgang auf genau 100 Seiten, wozu übrigens vier »Jugendseiten« zählten. In einem kurzen Editorial formulierte der Vorstand seine Absicht, man wolle »neben der farbigen Darstellungsmöglichkeit auch inhaltlich mehr aktuelle und informative Berichte« bieten.[70] Es war ein gewisser Spagat: Einerseits informierte die Zeitschrift weiterhin über das Vereinsleben und hielt damit die ehrenamtlichen Mitarbeiter auf dem Laufenden, andererseits sprach sie mit ausführlichen Berichten über den jeweiligen »Vogel des Jahres« und attraktiven Bildern auch eine breitere Leserschaft an, um damit »allen Mitgliedern als verbesserte Werbemöglichkeit zur Verfügung [zu] stehen«.[71]

In seiner Grundsatzrede hatte Sothmann auch eine »breit angelegte Mitgliederwerbeaktion« angekündigt.[72] Wie wenig der Verband bislang sein Potential ausgeschöpft hatte, zeigte sich schon darin, dass die erste Ausgabe von *Vogelschutz* nicht weniger als 800 Eintritte in der Zeit von April bis September 1978 verkünden konnte.[73] Als sich im Oktober 1982 die Delegiertenversammlung in Ingolstadt zusammenfand, wurde von gut 4500 Neumitgliedern in den vergangenen vier Jahren berichtet; insgesamt hatte der LBV damit etwa 17 000 Mitglieder.[74] Ebenso wichtig wie diese beeindruckenden Zahlen war, dass das Netz der Kreisgruppen, das lange Zeit eher einem Flickenteppich geähnelt hatte, nun nahezu komplett war: »Die Organisation ist praktisch flächendeckend mit Kreisgruppen in ganz Bayern vertreten.«[75] Am 22. März 1984 wurde in der Kreisgruppe Coburg das 20 000. LBV-Mitglied begrüßt, dem nur vier Jahre später das 30 000. Mitglied in der Kreisgruppe Regensburg folgte.[76]

Zugleich betrieb Sothmann den systematischen Aufbau leistungsfähiger interner Strukturen. Das lag nicht nur am Wachstum des Verbandes, sondern auch an Sothmanns besonderer Rolle. Da er weiterhin seine Apotheke leitete und den Vorsitz stets unbezahlt neben seinem Brotberuf ausübte, war er auf effiziente Mitarbeiter angewiesen. Seit April 1979 arbeitete Manfred Siering, ein gelernter Bankkaufmann mit ornithologischem Interesse, als Geschäftsführer für den LBV.[77] Sein Nachfolger wurde 1981 Gerhard Koller, den die Themen des Verbandes bis dahin eher wenig beschäftigt hatten. Freimütig erklärte er im Bewerbungsgespräch, dass er nur zwei Vogelarten kenne: Schwäne – und alle anderen.[78] Der Verband brauchte freilich keinen Vogelkenner, sondern einen fähigen Organisator, der für einen möglichst reibungslosen Ablauf des Alltagsgeschäftes sorgte, und Koller arbeitete nicht weniger als 38 Jahre als Geschäftsführer, bis er das Amt zum 1. April 2019 an eine neue Doppelspitze aus Helmut Beran und Alf Pille übergab.

Wie weit der Weg zu einem agilen Verband 1981 noch war, merkte Koller gleich am Tag seines Dienstantritts, als er einen Mitarbeiter in seinem Büro schlafend vorfand. Der neue Kollege wurde sanft geweckt und nach seinem Befinden gefragt, und das kann man rückblickend durchaus als Urszene des entstehenden neuen LBV betrachten. Der Umgang mit Mitarbeitern und Ehrenamtlichen war einer Großfamilie nicht ganz unähnlich: Es gab Hierarchien, aber auch ein Gefühl der Verbundenheit, man respektierte einander und wusste auch private Dinge. Als Koller 2019 die Geschäftsführung übergab, bezeichnete ihn der Jahresbericht als den »Mann, der immer ein offenes Ohr hat«.[79] Das sollte nicht zu der Annahme verleiten, es sei in seinem Büro stets kuschlig zugegangen. Koller sorgte für klare Strukturen und Arbeitsaufträge und organisierte den Verband mit Bezirksgeschäftsstellen in allen Regierungsbezirken und Kreisgeschäftsstellen in LBV-Gruppen mit vielen Mitgliedern. Er wusste aber zugleich, dass die Menschen im LBV auch Sorgen hatten, die nicht mit bedrohten Tier- und Pflanzenarten zusammenhingen.[80] Der LBV brauchte kompetente, engagierte Mitarbeiter, weil er mit begrenzten Ressourcen wirtschaften musste, und mit bloßer Empathie oder Betroffenheit kam man im Naturschutz seit den siebziger Jahren ohnehin nicht mehr weit. Aber es ging auch menschlich.

Der Ausbau der verbandlichen Strukturen hatte zur Folge, dass sich der Mittelpunkt des Verbandes sukzessive von Garmisch-Partenkirchen nach Hilpoltstein verlagerte. Bereits vier Jahre nach Sothmanns Wahl arbeiteten fünf der sieben hauptberuflichen Mitarbeiter in Hilpoltstein.[81] Das Landratsamt hatte dem Verband zunächst drei Räume zur Nutzung überlassen, aber durch das Wachstum des Verbandes und Nutzungsansprüche der Verwaltung war dies nur eine vorübergehende Lösung. Als der LBV am 26. Oktober 1984 seine Landesgeschäftsstelle in der Kirchenstraße 8 eröffnete, war die Zahl der Mitarbeiter bereits auf 16 gestiegen, darunter vier Biologen und ein Landschaftsplaner.[82] Mit dem Umzug nach Hilpoltstein endete zugleich die mehr als fünfzigjährige Koexistenz von Landesverband und Vogelschutzwarte unter einem Dach. Eigentlich markierte die neue räumliche Distanz für den bayerischen Vogelschutz eine Zäsur, aber im allgemeinen Wandel des Verbandes fiel das gar nicht so richtig auf. Überschwänglich erklärte das Vereinsorgan 1984, die Einweihung der neuen Landesgeschäftsstelle markiere »endgültig den Wandel vom betulichen Singvogelverein hin zum modernen Artenschutzverband«.[83]

»Der Landesbund [...] bemüht sich insbesondere um die Erhaltung einer artenreichen heimischen Vogelwelt durch Bewahren und Verbessern noch verbliebener natürlicher Lebensräume oder durch Schaffen und Gestalten von Ersatzlebensräumen, sowie durch spezielle Maßnahmen zum Schutze gefährdeter Vogelarten«, hieß es in der 1977 verabschiedeten Satzung.[84] Unter Sothmann zählten jedoch auch Tiere, die keine Federn hatten, und so wurde der Arten- und Biotopschutz unter besonderer Berücksichtigung der Vögel zum Markenkern des Verbandes. Damit gab es einen klaren Unterschied gegenüber dem Bund Naturschutz, und dieses Profil wurde Mitte der achtziger Jahre noch einmal zusätzlich geschärft, indem dem Vereinsnamen der Zusatz »Verband für Arten- und Biotopschutz« als Untertitel angefügt wurde.[85] Zugleich wurde damit aber auch jeglicher Affront gegenüber der bisherigen Klientel vermieden. Anders als Bezzel musste Sothmann nicht gegen überholte Vorstellungen kämpfen, sondern allenfalls mit gelegentlichem Gegrummel leben, ob einzelne Anliegen noch zur breiten Aufgabenpalette des LBV gehören sollten, und das erledigte sich spätestens, als Jahre später der Deutsche Bund für Vogelschutz eine ähnliche Erweiterung des Blickfeldes vollzog. Es war deshalb mehr als eine bloße Höflichkeitsgeste, dass der alte Vorstand – be-

Eisvogel oder Rauhfußkauz? 1981 ließ der LBV seine Mitglieder über das Symboltier des Verbands abstimmen.

stehend aus Einhard Bezzel, Karl Spitlbauer und Karl Springer – auf der Landestagung im Oktober 1978 für seine Verdienste um den LBV geehrt wurde: »Sie haben in jahrelanger Arbeit Hervorragendes für unseren Verband geleistet und die schwierige Aufgabe gemeistert, die Zielrichtung des Vereins nach den modernen biologischen Erkenntnissen neu auszurichten.«[86] Wie sehr dieser neue Arten- und Biotopschutz dem Zeitgeist entsprach, hat da wohl noch kaum jemand geahnt.

Der LBV in den achtziger Jahren

Im März 1981 präsentierte die Verbandszeitschrift *Vogelschutz* zwei Entwürfe für ein neues Logo, die der Nürnberger Grafiker Peter Thiele entworfen hatte. Zur Wahl standen zwei Vogelarten, wie sie unterschiedlicher kaum zu denken waren: der Eisvogel und der Rauhfußkauz. Beide Arten standen auf der Roten Liste, aber damit waren die Gemeinsamkeiten auch schon erschöpft. Während der Eisvogel sehr populär ist und 1973 und 2009 gleich zweimal zum Vogel des Jahres gekürt wurde, hat es der Rauhfußkauz bis heute nicht geschafft, diesen Titel zu erringen. So wirkt die Alternative im Rückblick durchaus symbolträchtig. Entschieden sich die Mitglieder für einen bunten Vogel, den jeder kannte – oder eher für eine Art, die den Betrachter von der präsentierten Abbildung treuherzig, aber auch ein wenig scheu anschaute?[87] Wollte man sich also eher an die breite Öffentlichkeit richten – oder doch lieber an den ornithologischen Kenner? So trug die Wahl zugleich Züge einer allgemeinen Richtungsentscheidung, und sie hatte am Ende ein eindeutiges Ergebnis: Der Eisvogel siegte mit Zweidrittelmehrheit über den Rauhfußkauz.[88]

Das war ein gelungener Einstieg in ein Jahrzehnt, in dem ökologische Themen einen enormen Aufschwung erlebten. Der rasante Aufstieg der Partei Die Grünen in den achtziger Jahren war gewissermaßen nur der sichtbarste Ausdruck allgemeiner politischer und gesellschaftlicher Veränderungen, die Denkweisen und Lebensstile in der Bundesrepublik bis in die Gegenwart prägen; Einhard Bezzel spricht rückblickend von einer »Sturm-und-Drang-Periode« in den achtziger Jahren.[89] Aber dieser Boom war noch keineswegs absehbar, als Sothmann Anfang 1978 die Leitung des LBV übernahm. »Im Moment bläst uns teilweise ein massiver Gegenwind ins Gesicht und in einigen Amtsstuben und bei bestimmten Verbänden scheint man das nicht ohne eine gewisse Genugtuung zu registrieren«, hatte er in seiner Grundsatzrede erklärt. Wenn er trotzdem optimistisch zu wirken versuchte, klang das für damalige Ohren zweifellos ein wenig bemüht: »Durch unsere Beschäftigung mit den Vögeln wissen wir allerdings, daß gerade Gegenwind, richtig genutzt, den Flug nicht aufhalten, sondern sogar erleichtern kann.«[90] Auf der folgenden Landestagung im Oktober 1978 warnte er in seiner Rede: »Wir müssen achtsam sein, daß die gefährliche Krankheit ›Resignation‹ sich nicht unter uns ausbreitet. Vögel retten ist nun einmal eine Politik der kleinen Schritte.«[91]

In diesen Bemerkungen spiegelten sich auch die Mühen der Anfangszeit. Zunächst verwendete Sothmann viel Energie auf Reisen in die bayerischen Regionen, um Kreisgruppen zu motivieren und organisierte Strukturen zu schaffen. Bald war an der Basis jedoch eine neue Stimmung zu spüren: Die Mitglieder des LBV wurden nicht nur immer zahlreicher, sondern auch agiler, bewegter, vielfältiger interessiert und auch ungeduldiger. Es lohnt sich deshalb, den Blick einmal von der Zentrale abzuwenden und die Aktivitäten in den Blick zu nehmen, die sich nun in den Kreisgruppen mit wachsender Häufigkeit entfalteten. Gewiss kann dies nur im Rahmen einer kleinen Auswahl geschehen: Eine umfassende Präsentation aller Kreisgruppen würde den Leser sicherlich schneller erschöpfen als das Thema. Es geht im Folgenden nicht um Vollständigkeit, sondern vielmehr darum, einen Wandlungsprozess zu umreißen.

Ein aufschlussreicher Fall war die »Biotopschutzgruppe Oberallgäu im Landesbund für Vogelschutz«, die sich im südlichsten Landkreis des Freistaats in den frühen achtziger Jahren formierte. Getragen von der »Zielsetzung, mehr mit Taten als mit Worten für Natur und Landschaft einzutreten«, konzentrierte sich die Gruppe zunächst auf das südlich von Kempten gelegene Waltenhofener Moos, das »eine der letzten Rückzugsinseln für unsere vom Aussterben bedrohten Wiesenbrüterarten« darstellte. Der »Arbeitsbericht 1984« der Biotopschutzgruppe schilderte die mühsame, aber notwendige Kooperation mit den lokalen Partnern: »So verbrachten wir unzählige Stunden damit, um bei Behörden vorstellig

Zur Arbeit der LBV-Kreisgruppen gehört die Pflegearbeit in Schutzgebieten. Hier präsentieren sich Aktive der Kreisgruppe Ingolstadt 2005 dem Fotografen, nachdem sie das Heu auf einer ökologisch wertvollen Wiese in den Donauauen zusammengerecht haben.

zu werden, Belange und Vorstellungen der Arbeitsgruppe vorzutragen und bei Pflegeplänen mitzuarbeiten. Ebenfalls viel Zeit beanspruchten die Ortsbesichtigungen mit amtlichen Stellen, Grundstückseigentümern und Interessengruppen.«[92] Hinzu kamen die aufwendigen Pflegearbeiten: »Etwa 40 verschiedene Naturfreunde erbrachten ca. 550 *freiwillige* und *kostenlose* Arbeitsstunden. Viele von ihnen waren Samstag für Samstag im Einsatz.«[93] Im folgenden Jahr war im Arbeitsbericht der Gruppe bereits von vier Schutzgebieten die Rede, insgesamt befanden sich damit »ca. 50 ha biologisch wertvollster Lebensräume im Landkreis Oberallgäu« in der Obhut der Gruppe.[94] Allerdings hatte die Biotopschutzgruppe auch erleben müssen, dass ihre Erfolge manchmal von puren Zufällen abhingen. Eine große Kiesgrube im Kürnacher Wald, die

die Gruppe für den Naturschutz anpachten konnte, entging nur dadurch einer Nutzung als »Badeweiher«, weil sich Eigentümer und Gemeinde nicht über die Modalitäten verständigen konnten.[95]

In auffallendem Kontrast zu dieser handfesten Arbeit stand der Schluss des Berichts, der von den konkreten Bestrebungen unvermittelt zu einigen grundsätzlichen Bemerkungen überging. »Die Zerstörung unserer Heimat geht inzwischen unvermindert weiter und ein Ende des Artenschwundes in unserer Landschaft ist momentan nicht absehbar«, hieß es dort, und für die Zukunft wurde daher ein denkbar ambitiöser Vorsatz formuliert: »Der Ausbau eines Gitternetzes ökologischer Vorrangflächen, aber auch der menschlichen Lebensqualität, muß daher oberstes Ziel aller Naturschutzbestrebungen sein.«[96] Noch prägnanter findet sich das direkte Nebeneinander von lokaler Arbeit und globaler Umweltkrise im Jahresbericht 1987 der LBV-Kreisgruppe Bayreuth. »Der stumme Frühling rückt näher«, lautete der einleitende Aufsatz, der den Bogen von der berühmten Warnung Rachel Carsons zu einigen zeitkritischen Bemerkungen schlug: »Wir wollen nicht wahrhaben, wie unmenschlich unsere Welt wird, wie ungerecht unsere Gesellschaft, wie lebensfeindlich unsere Technik, wie egoistisch unser Verhältnis zu den Mitgeschöpfen und wie endlich der Weg zur Vernichtung unserer Lebensbasis werden kann.« Am Ende stand die eindringliche Mahnung: »Ein jeder von uns trägt heute die Verantwortung für sein Tun, für diese Erde, für Menschen, Pflanzen und Tiere. Wir allein können und müssen diesen Planeten aus seiner ökologischen Krise retten. Jetzt! Die Zeit drängt.«[97] Dabei war die Kreisgruppe gewiss kein Forum weltfremder Sektierer: Der Jahresbericht der ziemlich rührigen Gruppe hatte eine Auflage von 1500 Stück.[98] Wie ernst es den Autoren solcher Zeilen tatsächlich war, zeigte auf kuriose Weise ein Rundschreiben der Kreisgruppe Deggendorf, welches im Überschwang der Gefühle gar kritisierte, dass »das Gewissen, soweit vorhanden, […] durch eine mehr oder weniger große Geldspende beruhigt« werden solle. Merkte man nicht, dass eine ätzende Polemik gegen die »Meinung, mit einer charitativen [sic] Geste könne man Weltenlauf beeindrucken«, zugleich das Fundraising des eigenen Verbandes attackierte?[99] Aber hier ging es eben nicht um banale Fragen der Opportunität, sondern um die eigene Betroffenheit über das Schicksal der Erde. Der Vorsitzende der Kreisgruppe Augsburg-Land ging noch einen Schritt weiter und forderte »die Bildung eines verbandsinternen ›Arbeitskreises sozialwissenschaftliche Grundlagenforschung Naturschutz‹«.[100]

Besonders nachdrücklich dokumentierte sich der Wandel des Vogelschutzes in der Kreisgruppe Fürstenfeldbruck. Dort war der Leiter der Kreisgruppe 1982 zurückgetreten, nachdem er seine Bestrebungen, im Kreis eine »Station zur Aufnahme, Pflege und Wiederaussetzung kranker und verletzter Vögel« zu schaffen, vom LBV nicht hinreichend gewürdigt fand.[101] Ein neuer Vorsitzender sprang in die Bresche, schob eine Vielzahl neuer Aktivitäten an und führte in der Kreisgruppe einen neuen Tonfall ein. Als vom Straßenbauamt an der Straße von Olching nach Gröbenzell in einer überstürzten Aktion 16 Pappeln und Birken gefällt wurden, sah er sich gleich »in den Wilden Westen versetzt«. »Das Vertrauen des mitdenkenden Staatsbürgers in die Politik weicht einer ohnmächtigen Wut«, hieß es in der Presseerklärung der Kreisgruppe, die mit den Worten schloss: »Der Landesbund für Vogelschutz ist des Glaubens, daß sich in unserer technisierten Gesellschaft solche Kraftakte von selbst verbieten. Jeder sollte lernen, mit der uns anvertrauten Schöpfung behutsamer umzugehen.«[102] Munter schoss der Kreisgruppenvorsitzende auch über den lokalen Rahmen hinaus, ermahnte den Gröbenzeller Bundestagsabgeordneten Eicke Götz zu einer harten Haltung beim niedersächsischen Kohlekraftwerk Buschhaus und drohte dem österreichischen Bundeskanzler Fred Sinowatz mit einem Urlaubsboykott seines Landes, »solange der Bau des Donaukraftwerks Hainburg nicht annulliert wird«.[103] Die zur selben Zeit von der Hilpoltsteiner Zentrale erhobene Forderung, den Staudamm bei Hainburg nicht zu bauen und damit die Donauauen zu erhalten, wirkte da fast schon zurückhaltend.[104] Als sich wenig später eine LBV-Jugendgruppe im Kreis Fürstenfeldbruck formierte, wandte sich diese sogleich »mit einer Unterschriftenaktion gegen Luftverschmutzung und Waldsterben an den bayerischen Ministerpräsidenten Franz Josef Strauß«.[105] Neumitglieder wurden unterdessen in der Kreisgruppe mit dem Hinweis begrüßt, »Vereinsmeierei« sei »nicht unsere Stärke« – »haben Sie noch Fragen, rufen Sie doch bitte einfach an«.[106]

Die Entwicklungen an der Basis wurden in der Hilpoltsteiner Zentrale mit großem Wohlwollen registriert. Die aktiven Mitglieder galten als großer Gewinn für die eigene Sache, auch wenn hitzköpfige Mitglieder gelegentlich zu kontraproduktivem Verhalten neigten. In Regensburg wurde ein LBV-Mitglied beim Fotografieren einer seltenen Vogelpopulation von einem anderen Mitglied aufgespürt und angezeigt, und als der Konflikt schließlich vor Gericht landete, geriet der Streit zu einem PR-Debakel.[107] Die Zentrale schritt noch nicht einmal ein, als sich der langfristige Trend des Landesbundes vom Dachverband lokaler Vereine zum Mitgliederverein umzukehren schien. Die Biotopschutzgruppe Oberallgäu war nämlich keineswegs der einzige Fall, in dem sich nun Mitglieder des LBV zu lokalen Organisationen im Gesamtverband zusammenschlossen. In Kleinostheim gründete sich im Dezember 1981 ein Förderkreis Biotopschutz »zum Erhalt schutzwürdiger Biotope im Landkreis Aschaffenburg-Miltenberg«, der von seinen Mitgliedern einen monatlichen Beitrag von 10 DM kassierte – das Sechsfache des damaligen LBV-Mitgliedsbeitrags.[108] In Coburg bildeten 20 Mitglieder eine Ornithologische Arbeitsgemeinschaft Coburg, die zugleich die Geschäfte des Landesbundes für die etwa 100 Mitglieder des Kreises führte und 1983 eine eigene Satzung beschloss.[109] Als wäre das nicht schon verwirrend genug, überlappte sich die Mitgliedschaft der Arbeitsgemeinschaft auch noch mit jener des Arbeitskreises Ökologie Coburg im Bund Naturschutz, der sich Ende 1980 konstituierte und »frecherweise« (Originalton Arbeitskreis) neben der regulären Kreisgruppe des Bundes Naturschutz existierte.[110] Solche Doppelmitgliedschaften hatte es allerdings auch schon früher gegeben. Als sich Ende 1974 die sehr agile LBV-Kreisgruppe Augsburg unter der Leitung von Uwe Bauer formierte, war dieser gleichzeitig Zweiter Vorsitzender der Kreisgruppe Augsburg des Bundes Naturschutz.[111]

Gerne wurde von den aktiveren unter den Kreisgruppen das traditionelle Image des Verbandes aufs Korn genommen. Man sei kein »betulicher Singvogelschutzverein«, sondern vielmehr »ein moderner Artenschutzverband mit mehr als 30.000 Mitgliedern in Bayern«, informierte ein Flugblatt der Kreisgruppe Bayreuth Anfang 1989.[112] Als sich der LBV per Satzungsänderung zum »Verband für Arten- und Biotopschutz« erklärte, wurde das von der Kreisgruppe Deggendorf ausdrücklich begrüßt: Damit habe der Verein »einer Entwicklung Rechnung getragen, welche aus der ehemaligen, vornehmlich mit Vogelkunde und Vogelpflege befaßten Vereinigung von Vogelfreunden eine Bewegung werden ließ, die sich in ihrem Programm zwangsläufig gegen den Artentod an sich, also gegen die fortschreitende Zerstörung des Lebens auf dem Planeten wendet«.[113] Solche Exorzismen dürfen jedoch nicht darüber hinwegtäuschen, dass es in den achtziger Jahren auch noch ganz traditionelle Vogelschutzinitiativen gab. Ein Mitglied beklagte etwa 1984 das Fehlen einer Auffang- und Pflegestation für Greifvögel im Großraum Regensburg-Straubing: »Im Augenblick werden wohl mehr Vögel (auch bedrohte Arten) von Jägern oder sonstigen Leuten versorgt als von uns. Das sieht für einen Artenschutzverband mit so spezifischer Aufgabenstellung wie den LBV merkwürdig aus und sollte möglichst bald zufriedenstellend geändert werden.«[114] Es gab schließlich nicht nur neue Herausforderungen, sondern auch destruktive Verhaltensweisen, die längst nicht mehr zeitgemäß waren, aber einfach fortexistierten. Ein Musterbeispiel war die »Flammende Donau« im Naturschutzgebiet Weltenburger Enge. Obwohl das Gebiet seit 1970 geschützt war und 1978 sogar vom Europarat mit dem Europäischen Naturschutzdiplom ausgezeichnet worden war, blieb das Feuerwerksspektakel eine regelmäßige Veranstaltung, bis der LBV 1987 endlich ein Verbot durchsetzen konnte.[115] In solchen Konflikten zeigte sich zugleich die feste regionale Verwurzelung des Verbandes. Eine Gefahr, in der Hitze des ökologischen Aufbruchs die Bodenhaftung zu verlieren, hat für den LBV wohl nie bestanden.

Ein Schwerpunkt der lokalen Arbeit blieb der Schutz der Biotope. Auf der Delegiertenversammlung im Herbst 1984 wurden über 280 einzelne Maßnahmen reklamiert und als »echte Sozialleistungen an der Natur« gefeiert.[116] Dahinter konnten sich sehr unterschiedliche Projekte verbergen. Das Biotop Haidenaabtalaue der Ortsgruppe Pressath in der Oberpfalz umfasste zum Beispiel nur zwei Tümpel mit einer Gesamtfläche von 400 Quadratmetern, die jedoch durch intensive Pflegearbeit zu einem Kleinod des Naturschutzes wurden.[117] Zum Biotopschutz gehörte beim LBV auch weiterhin der Kauf von Land. 1984 schuf der Landesbund den Arche Noah Fonds und belohnte großzügige Spender mit attraktiv gestalteten »Aktien«, auf denen das aufgekaufte Gebiet genannt wurde, verbunden mit dem Hinweis, dass der Besitzer der Aktie »durch seine Spende […] symbolisch Mitbesitzer dieses Kleinodes Bayerischer Naturlandschaft ist«.[118] Aber der LBV ging in solchen Initiativen nicht mehr auf, er wollte mehr als nur lokale Bestrebungen, und er scheute sich nicht, bisweilen auch gegen die Staatsregierung zu sticheln. In einem Schreiben an einen Coburger Vogelschützer erklärte Sothmann 1984 mit Blick auf den Greifvogelschutz: »Es ist manchmal deprimierend, wie wenig sich die Politiker daraus machen, daß hier Rechtsstaatlichkeit offensichtlich dann aufhört, wenn sie interessierten Jägerkreisen zuwiderläuft.«[119]

Im Allgemeinen blieb es freilich bei einer kooperativen Linie. Die Biotopschutzgruppe Oberallgäu lobte zum Beispiel ausdrücklich »die vielen Landwirte […], die uns oftmals mit großer Aufgeschlossenheit gegenüber standen und uns manchmal tatkräftig mit unterstützten. Wenn hier erst eine gegenseitige Vertrauensbasis geschaffen ist, wird vieles mehr zu erreichen sein.«[120] Die Kreisgruppe Schweinfurt zahlte einem Landwirt sogar eine freiwillige Entschädigung für seinen Ernteausfall, nachdem sich dieser spontan entschlossen hatte, ein Getreidefeld nur teilweise abzuernten, um die Feldbrut einer Wiesenweihe zu bewahren.[121] Mit dem Aktionsprogramm Wiesenbrüter der Staatsregierung wurden solche Bestrebungen auf eine breitere Basis gestellt: Drei Millionen DM standen zur Verfügung, um erstmals Landwirten für Einschränkungen in der Bewirtschaftung einen Ausgleich zu bieten.[122] Das Forstamt Pegnitz legte im Veldensteiner Forst zwei Feuchtbiotope an und verzichtete freiwillig auf die Bejagung der Graureiher: »Während sich anderswo Naturschützer und Forstleute nicht immer sonderlich ›grün‹ sind, funktioniert in Pegnitz die Zusammenarbeit bestens«, hieß es darüber in der Zeitschrift *Vogelschutz*.[123] Die Kreisgruppe Bayreuth schaffte es sogar, für eine Ausstellung im Neuen Rathaus den Bezirksfischereiverband, die Oberforstdirektion, den Jägerverein und den Bayerischen Bauernverband ins Boot zu holen.[124]

Einen charakteristischen Ausdruck fand die Linie des Landesbundes in der Ära Sothmann mit den Hilpoltsteiner Artenschutzgesprächen. Aus intensiven Gesprächen mit Alois Glück und anderen Spitzenpolitikern entwickelte sich eine besondere Art der Diskussionsveranstaltung. Während andere Verbände den Besuch von Prominenten ausgiebig bewerben und auf ein großes Publikum hoffen, passten bei den Hilpoltsteiner Gesprächen alle Teilnehmer um einen Tisch, und über den Inhalt wurde strikte Vertraulichkeit bewahrt. Die Sympathie, welche der LBV mit seiner Linie innerhalb der Staatsverwaltung genoss, spiegelt sich in einer Bemerkung des Landesumweltministers Alfred Dick bei der Einweihung der neuen Landesgeschäftsstelle 1984: »Leider ist manchmal festzustellen, daß einige Verbände nur auf die Konflikte verweisen und die vielen Gemeinsamkeiten außer acht lassen. Es ist daher besonders zu begrüßen, daß sich der Landesbund für Vogelschutz in Bayern bemüht, die erforderliche Partnerschaft in die Tat umzusetzen, ohne dabei seine Eigenständigkeit als Artenschutzverband hintanzustellen.«[125] Auch Kreisgruppen stellten mit Befriedigung fest, »daß gut fundierte Einwände und Vorschläge von Fachbehörden begrüßt und sorgfältig gewürdigt werden«.[126]

Zu einer Besonderheit des LBV wurde das Referat Umweltbildung, das sich in den achtziger Jahren neben den Referaten für Artenschutz, Biotopschutz sowie Zentrale Dienste/Mitgliederservice etablierte. Schon 1984 beschäftigte der Verband einen Umweltpädagogen. Mit der schulischen Arbeit in den ersten Jahrzehnten des Verbandes hatte die Jugendarbeit der achtziger Jahre freilich nicht mehr viel zu tun: An die Stelle von Belehrungen und Ermahnungen waren gezielt geschaffene Freiräume gerückt. Im Herbst 1982 beschloss die Delegiertenversammlung eine Intensivierung der Jugendarbeit, im folgenden Jahr wurde die Jugendarbeit in der Vereinssatzung verankert. Seither war es Ziel des Verbandes, dass in allen Kreis- und Ortsgruppen »nach Möglichkeit Jugendgruppen gegründet werden« sollten.[127] Dabei war das Thema alles andere als belanglos, wie ein Blick auf den deutschlandweiten Schwesterverband zeigt. Im Deutschen Bund für Vogelschutz loderten zu dieser Zeit heftige Kämpfe mit der eigenen Jugendorganisation, die in Forderungen nach einem Rauswurf des Bundesjugendsprechers Jochen Flasbarth kulminierten.[128] Es lag wohl auch an solchen Erfahrungen, dass sich der LBV um intensive Kontakte mit den eigenen Jugendlichen bemühte: Nach der 1983 geänderten Vereinssatzung war der Vereinsvorstand »zu den Jugendvertreterversammlungen und zu den Sitzungen des Landesjugendvorstandes mit beratender Stimme zu laden«.[129] Das tat dem Elan der Jugendarbeit jedoch keinen Abbruch. Der Tätigkeitsbericht für 1982 hielt fest, dass die

Die LBV-Jugendgruppe München veröffentlichte in den achtziger Jahren eine eigene Zeitschrift.

verschiedentlich durchgeführten Jugendseminare »großen Anklang bei den Jugendlichen fanden«.[130]

Das Wachstum der Jugendarbeit spiegelte sich in der Expansion der »Jugendseiten« in der Zeitschrift *Vogelschutz*, zudem wurde 1987 der *Nestflüchter* als Jahrbuch der LBV-Jugend ins Leben gerufen. Zuvor hatte eine rührige Münchner Jugendgruppe schon unter dem Titel *Excubitor* (lateinisch für Wächter) eine eigene meinungsstarke Zeitschrift gebastelt. In München war die schon erwähnte Sabine Schwarz aktiv, die im September 1984 auf einer Jugendleitertagung in Hilpoltstein in den ersten Landesjugendvorstand gewählt wurde.[131] Der Erste Vorsitzende wurde Norbert Schäffer, der ziemlich genau drei Jahrzehnte später zum Vorsitzenden des LBV gewählt wurde – was übrigens eine interessante Parallele zu Jochen Flasbarth darstellt, der von 1992 bis 2003 Präsident des Naturschutzbundes Deutschland (NABU) war und dann ins Bundesumweltministerium wechselte. Anders als beim Deutschen Bund für Vogelschutz (der sich 1990 in NABU umbenannte) blieb dem LBV in den achtziger Jahren ein offener Generationenkonflikt erspart, aber die eigene Jugend präsentierte sich nicht immer als pflegeleicht. Vor allem drängte sie darauf, die Agenda des Vereins um allgemeine Umweltthemen zu erweitern. 1989 konfrontierte die Landesjugendleitung die Delegiertenversammlung mit dem Antrag, der LBV möge »seine Mitglieder und die Öffentlichkeit auf[fordern], aus den herkömmlichen Automobilclubs, z. B. ADAC, AVD auszutreten und in den VCD (Verkehrsclub Deutschland) einzutreten«.[132] Noch konfliktträchtiger war die Forderung des Landesjugendleiters Norbert Schäffer vom März 1986, »daß das Thema WAA [Wiederaufarbeitungsanlage Wackersdorf] für den LBV kein Tabuthema sein darf«, zumal kurz darauf die Reaktorkatastrophe von Tschernobyl die Bundesbürger in Atem hielt.[133]

Das berührte im Verband einen wunden Punkt. Die beiden wichtigsten Themen der Öko-Debatte der achtziger Jahre, der Atomkonflikt und das Waldsterben, warfen schwierige Fragen zu den Risiken der Großtechnik auf, für die klassische Ornithologen genauso wenig kompetent waren wie die neuere Generation der ökologisch geschulten Biologen. Am ehesten konnte der Verband noch etwas mit dem Waldsterben anfangen. Zusammen mit dem Bund Naturschutz und 14 weiteren Verbänden gehörte der LBV zur Aktionsgemeinschaft »Rettet den Wald«, und die Delegiertenversammlung forderte im Oktober 1984 ein Tempolimit auf Autobahnen, die Einführung des Katalysators bei Neuwagen zum 1. Januar 1986 und eine Reduzierung der Kraftwerksemissionen um mindestens 50 Prozent innerhalb von zwei Jahren.[134] »Mit dem Waldsterben sind wir in einer Weise herausgefordert wie keine Generation vor uns«, erklärte die Verbandszeitschrift Anfang 1984, nachdem schon im Juni 1983 ein Aufsatz vom Waldsterben als der »größte[n] Herausforderung unserer Tage« gesprochen hatte.[135] Allerdings waren solche Töne in den frühen achtziger Jahren nicht sonderlich spektakulär. Die treibende Kraft in der Waldsterbensdebatte war im Freistaat der Bund Naturschutz, und das schien man im LBV auch gar nicht so sehr zu bedauern. Die LBV-Jugend sah sich gar mit dem Vorwurf politischer Untätigkeit konfrontiert, weil sie neben Wackersdorf auch noch andere Themen im Blick behalten wollte. Ein Beitrag über die Wiederaufarbeitungsanlage im *Nestflüchter* schloss mit dem Hinweis: »Die Naturschutzjugend im LBV ist mit ihren zahllosen kleinen und großen Aktivitäten auf dem richtigen Weg […]. Dies ist keine Aufforderung, nicht mehr am Bauzaun spazieren zu gehen, aber jeder [sic] neu gepflanzte Hecke ist auch etwas wert!«[136]

Insgesamt veränderte sich der LBV in den achtziger Jahren in einer Weise, die fast schon Züge einer inneren Neugründung trug. 1980 hatte Sothmann noch geklagt, dass der Vereinsetat »lediglich den durchschnittlichen Baukosten von 34 m Autobahn entspricht«.[137] Acht Jahre später war der Haushalt geradezu explodiert: Hatte der Jahresabschluss 1981 noch Gesamtausgaben von 325 810,33 DM verzeichnet, so lag dieser Betrag im Haushaltsjahr 1988 bei 5 766 979,02 DM – statistisch gesehen eine Steigerung um 1670 Prozent.[138] 1988 besaß der Verband in Bayern ziemlich genau 500 Hektar Land, hinzu kamen 166 Hektar gepachtete Flächen; in der Hilpoltsteiner Zentrale, den vier Bezirks- und elf Kreisgeschäftsstellen arbeiteten fast 30 hauptamtliche Angestellte und zahlreiche Zivildienstleistende.[139] Und kaum jemand mochte sich noch vorstellen, dass es je einen anderen Vorsitzenden geben könnte als Ludwig Sothmann.

Zwischenbetrachtung

Ökologische Zeiten

Nach dem Aufbruch der achtziger Jahre fällt in der weiteren Entwicklung die Stabilität ins Auge. Es blieb lebendig in der Hilpoltsteiner Zentrale und den zahlreichen Kreisgruppen, aber es gab nun keine einschneidenden Reformen mehr, keine grundlegende Neuausrichtung der Arbeit, ja noch nicht einmal eine spürbare Identitätskrise: Der LBV hatte nach zwei Jahrzehnten großer Veränderungen zu sich selbst gefunden. Das war in Deutschland eine durchaus typische Entwicklung. Die siebziger und achtziger Jahre waren für die bundesdeutsche Umweltszene eine Wasserscheide, die Debatten und Politiken bis heute prägt. Es entstanden neue Ministerien, Behörden und Gremien, es gründeten sich neue Umweltverbände, während sich bestehende neu aufstellten; der LBV war in dieser Hinsicht in guter Gesellschaft. Am Ende stand in den frühen neunziger Jahren ein Netzwerk, das seither erstaunlich stabil geblieben ist. Es gab zwar weiterhin neue Themen, neue Organisationen und neue Initiativen, aber sie mussten sich in einem ziemlich dichten Geflecht bewähren.

Auch in ökologisch bewegten Zeiten waren Umweltinitiativen jedoch keine Selbstläufer. Tragfähige Strukturen mussten erst einmal entstehen, das Werben um Mitglieder und Aufmerksamkeit war stets ein hartes Geschäft, und außerdem gab es bei ökologischen Themen eine tiefe Kluft zwischen langfristigen Erfordernissen und den Möglichkeiten kurzfristiger Kampagnen. Ein Verband konnte auch falsch abbiegen. Die deutsche Sektion des Weltbundes zum Schutz des Lebens war schon in den sechziger Jahren ein Kritiker der Atomkraft, driftete jedoch in den siebziger Jahren ins politische Abseits und entwickelte sich zu einer rechtsextremen Vereinigung. Der Aufstieg der Umweltbewegung täuschte auch leicht darüber hinweg, dass es eine Menge Aktive gab, die irgendwann desillusioniert, frustriert oder aus persönlichen Gründen ausstiegen. In keiner Bundestagsfraktion wurde Mitte der achtziger Jahre so heftig geraucht wie bei den Grünen. Es half, wenn mal wieder die Nerven flatterten.[140]

Der ökologische Aufschwung war auch ein Medienereignis, und das führte zu Verzerrungen im öffentlichen Erscheinungsbild der

Umweltszene. Eine Delegiertenversammlung des LBV gab für die Presse stets weniger her als die Bundesdelegiertenversammlungen der Grünen, von den auf maximale mediale Wirkung getrimmten Kampagnen von Greenpeace einmal ganz zu schweigen. So ging ein wenig unter, dass es Naturschützer nicht nur zottelig und mit Bart gab, sondern beispielsweise auch mit grauen Haaren und Reihenhaus, und die Basisdemokratie, die in Bürgerinitiativen und neuen sozialen Bewegungen hochgehalten wurde, hatte unter Naturschützern einen schweren Stand. Die Interviews mit 39 führenden Naturschützern, die die Bayerische Akademie für Natur und Landschaftspflege seit 2007 in einem Zeitzeugenprojekt unter der Leitung von Evelin Köstler durchführte, sprechen in dieser Hinsicht eine deutliche Sprache. Da sieht man, wie sehr die Entwicklung des bayerischen Naturschutzes von einer Generation tatkräftiger Männer vorangetrieben wurde, die zwar auch Mitarbeiter hatten und viele Kontakte sowieso, aber auch Alphatiere waren, die die Dinge selbst in die Hand nehmen wollten und sich dabei pudelwohl fühlten.[141]

Mit den autokratischen Anwandlungen eines Otto Henze hatte das nichts zu tun. Das Werben um öffentliche Unterstützung war für diese Männer selbstverständlicher Teil des politischen Engagements, und manche mussten sich auch regelmäßig demokratischen Wahlen stellen; zu den Interviewpartnern zählten die LBV-Vorsitzenden Einhard Bezzel und Ludwig Sothmann. Weinzierl hatte die Einstellung 1969 in seiner Antrittsrede auf den Punkt gebracht, als er sich zu der Überzeugung bekannte, »daß der Naturschutz heute nur eine Überlebenschance hat, *wenn er gemanagt* wird«.[142] Ähnlich wie Sothmann hat Weinzierl danach viel Zeit in Sitzungen verbracht, es wurde diskutiert und zugehört und immer auch auf wechselnde Umstände reagiert, aber letztlich war all das nur Mittel zum Zweck. Irgendwann musste entschieden werden, damit man weiterkam.

Die Alphatiere waren weithin respektiert, zumal sie offenkundig Erfolge brachten. Aber es gab im bayerischen Naturschutz auch engagierte Menschen an der Basis, die ihren eigenen Kopf hatten. Im LBV kam es gelegentlich vor, dass ein Kreisgruppenvorsitzender auf eigene Faust einen bösen Brief schrieb, den Sothmann manchmal erst dann zu Gesicht bekam, wenn ihn der persönliche Referent vor dem Gespräch mit dem Minister mit vorwurfsvoller Miene aus den Unterlagen kramte. Meist folgte ein verbandsinternes Gespräch darüber, wie schädlich solche Interventionen für laufende Verhandlungen waren, aber – so Sothmann im Interview – »ich habe das nie abstellen können«.[143] So gab es in ökologisch bewegten Zeiten auch für einen respektierten Vorsitzenden Grenzen der Macht, mit denen man sich arrangieren musste. Niemand hatte die Absicht, Sothmann mit solchen Aktionen zu demontieren, aber im Naturschutz ging es halt auch um große Gefühle, und manchmal musste man einfach sagen, was gesagt werden musste.

Der LBV hatte einen guten Start in die ökologischen achtziger Jahre. Die Führungsfrage war beantwortet, der Aufbau der verbandlichen Strukturen schritt trotz gelegentlicher Rückschläge voran, und mit dem Arten- und Biotopschutz hatte er einen verlässlichen inhaltlichen Kompass. Es gab auch keine Nervenprobe, wie sie der Bund Naturschutz beim Kampf um Wackersdorf erlebte, wo sich Hubert Weiger 1985 nach einer entgleisten Demonstration in München im Kreuzfeuer der Kritik von Politik, Medien und Mitstreitern wiederfand.[144] Beim LBV ging Landesjugendleiter Norbert Schäffer, der aus der Oberpfalz stammte, einfach als Privatmann zum Bauzaun und wurde dort zweimal verhaftet und erkennungsdienstlich behandelt, aber mit dieser Erfahrung stand er ja nicht allein. Die Paranoia der bayerischen Polizei ging so weit, dass Sothmann jahrelang bei Auslandsreisen am Münchner Flughafen eine besonders gründliche Passkontrolle über sich ergehen lassen musste.[145]

Der LBV war immer deutlich kleiner als der Bund Naturschutz, aber das war nicht zwangsläufig ein Nachteil. So war der Personenkreis leichter zu überschauen, man kannte sich in Gremien und musste sich nicht ständig individuell profilieren. Wer beim LBV dabei war, dem ging es in erster Linie um die Sache. Bei der Wahl der Themen und Anliegen orientierte man sich an biologischen Gesichtspunkten und praktischen Möglichkeiten (darunter auch Förderprogrammen von Freistaat, Bund und Europäischer Union) und nicht etwa daran, ob man mit einem Thema besonders gut Mitglieder werben konnte. Für den LBV war der Gobibär kein kuscheliges Tier, das sich auf Plakaten gut machte, sondern eine der am stärksten gefährdeten Säugetierarten der Welt. Anders als bei den Grünen gab es im Verband keine Flügel, die sich gegenseitig belauerten, und auch das Spektrum der Temperamente war nicht unendlich groß. Wer gerne mal auf den Putz haute, war auf Dauer beim Bund Naturschutz besser aufgehoben, der nicht zuletzt durch die Vernetzung mit rebellischen Bürgerinitiativen groß wurde.[146] Wenn andere aggressiver und politischer auftraten, hieß das ja im Umkehrschluss noch längst nicht, dass man im LBV kreuzbrav war. Auch ein Positionspapier konnte unangenehm sein, vor allem dann, wenn es Sachverstand und Realismus erkennen ließ und immer wieder beharrlich ins Spiel gebracht wurde. Der LBV war nie ein Verband, bei dem man unbedingt bis zur nächsten Delegiertenversammlung Erfolge vorweisen musste.

Die Koexistenz von zwei großen Naturschutzverbänden in Bayern war letztlich ein Zufallsprodukt der Geschichte, aber sie lief praktisch auf eine Arbeitsteilung hinaus, die beiden Seiten Vorteile bot. Im Alltag gab es zahlreiche Kontakte, auf Kreis- und Ortsebene arbeitete man ohnehin zusammen, und man wusste, dass man sich bei aller Konkurrenz um Mitglieder, Spenden und andere Ressourcen nicht gegeneinander ausspielen lassen durfte. Politiker konnten je nach Temperament und Parteibuch den einen oder anderen Verband favorisieren, für Behörden und Firmen auf Suche nach Sponsoring-Partnern galt Ähnliches, und es sprach sich in der Landespolitik herum, dass man in einem Hilpoltsteiner Artenschutzgespräch Dinge sagen konnte, die man sich auf einem Podium beim Bund Naturschutz besser verkniff. Der Größenunterschied war außerdem so markant, dass man im LBV nie davon träumte, bei der Mitgliederzahl am Bund Naturschutz vorbeizuziehen – was mit Blick auf die CSU übrigens anders aussieht.

Im Arten- und Biotopschutz gab es vielfältige Gelegenheiten, Natur mit allen Sinnen zu erleben, und das nutzte der LBV in der Bildungsarbeit nach Kräften aus. In der politischen Arena lief es jedoch immer wieder auf Konflikte mit Land- und Forstwirten hinaus, und dabei ging es um das sprichwörtliche Bohren harter Bretter. Kein anderer Bereich der deutschen Gesellschaft hat sich ökologischen Forderungen so hartnäckig verweigert wie der Agrarsektor. Da musste man nicht viel tun, um sich unbeliebt zu machen. Das zunächst gute Verhältnis zum Landwirtschaftsminister Eisenmann trübte sich zum Beispiel ein, als Sothmann den damaligen Nationaltorhüter Sepp Maier für den Kampf gegen die Bejagung des Graureihers gewinnen konnte.[147]

Zum eigenen Profil des LBV gehörte aber auch eine Zentrale, die nicht etwa in der Landeshauptstadt München war, sondern in einer mittelfränkischen Kleinstadt. Die Landesgeschäftsstelle kam durch

Sothmann nach Hilpoltstein, aber das hatte noch andere Vorzüge. Die zentrale Lage machte die Anreise aus allen Teilen des Freistaats leichter – beim vorigen Standort Garmisch-Partenkirchen hatte das etwas anders ausgesehen –, und die Stadtverwaltung unterstützte den Verband deutlich generöser als etwa eine Großstadt, die noch aus anderen Gründen in die Presse kam. Außerdem waren Gehälter und Lebenshaltungskosten hier niedriger, auch wenn die Stadt inzwischen zum Nürnberger Speckgürtel gehört, und wer erst einmal nach Hilpoltstein oder Umgebung umgezogen war, der blieb meist langfristig beim LBV. Man musste nicht den Enthusiasmus Gerhard Kollers teilen, der in jungen Jahren mal einen Film über die Erstbesteigung des Schlossbergs von Hilpoltstein ohne Sauerstoffgerät gedreht hatte, aber es passte halt. So etwas war beim LBV am Ende wichtiger als eine glamouröse Adresse.

V.
Ein starkes Stück Bayern

1990–2020

Arten- und Biotopschutz im wiedervereinigten Deutschland

Die Entwicklung der vergangenen 30 Jahre ist nicht leicht zu bilanzieren, und das liegt nicht nur am berufsbedingten Zögern des Historikers, wenn es um tagesaktuelle Geschehnisse geht. Zum einen passierte einfach so viel, dass sich das breite Spektrum der Aufgaben und Tätigkeitsfelder auch in den Jahresberichten nur noch mühsam bündeln ließ. Der Jahresbericht 2007/08 sprach von 2500 ehrenamtlichen Aktiven, die zusammen 600 000 Stunden Arbeit geleistet hatten.[1] Zum anderen fehlt es an den großen Kontroversen früherer Jahrzehnte, an denen sich eine Darstellung ausrichten könnte. Der LBV war mit sich selbst im Reinen, und Mitarbeiter und ehrenamtliche Aktive hatten genug Freiraum für unterschiedliche Projekte, sodass sich Grundsatzdiskussionen erübrigten. Laut Protokoll schloss Sothmann seinen Rechenschaftsbericht auf der Delegiertenversammlung in Amberg im Oktober 2006 »mit dem Resümee, dass viel Arbeit auf den LBV wartet«, und appellierte an die Delegierten, »so weiterzumachen wie bisher«.[2]

Der LBV musste sich im wiedervereinigten Deutschland nicht neu erfinden. Wie bei jedem politischen Thema gab es jedoch auch beim Arten- und Biotopschutz gewisse Konjunkturen. Nach dem Boom ökologischer Fragen in den achtziger Jahren hatte sich das allgemeine Klima zunächst spürbar verschlechtert. Die Wirtschaftskrise nach der Wiedervereinigung und die heraufziehende

Globalisierung ließen Umweltthemen plötzlich unzeitgemäß erscheinen. Die Kreisgruppe Bayreuth schrieb im März 1993 in ihrem Aufruf zur Mitgliederwerbung: »Der Wind, der von Rügen bis Berchtesgaden dem Naturschutz derzeit entgegenbläst, schwächt sich in Bayreuth keineswegs ab.«[3] Sothmann plädierte unterdessen im Vereinsorgan *Vogelschutz*: »Die Politik muss den Naturschutz ernster nehmen.«[4]

Die frühen neunziger Jahre boten neue Chancen für internationale Zusammenarbeit. Bis dahin hatte der LBV vor allem dann ins Ausland geschaut, wenn er jenseits der bayerischen Grenzen gravierende Probleme erkannte – sei es das österreichische Wasserkraftwerk Hainburg oder der Vogelfang in Italien. Nach dem Ende des Kalten Krieges gab es aber auch die Gelegenheit zur Kooperation mit Verbänden und Behörden in den jungen Demokratien Osteuropas, was nicht nur fachlich sinnvoll war, sondern ganz nebenbei einen Beitrag zur Wiedervereinigung Europas leistete. Schon im März 1991 trafen sich in Hilpoltstein Vertreter des Tschechischen Verbandes für Naturschutz und der Tschechischen Ornithologischen Gesellschaft (ČSO) mit dem LBV und vereinbarten in einer »Hilpoltsteiner Erklärung« eine verstärkte Kooperation im grenzüberschreitenden Biotopschutz, und daraus entwickelte sich eine dauerhafte Zusammenarbeit.[5] Seit 2019 beteiligt sich die ČSO zum Beispiel an der Stunde der Wintervögel, einem Citizen Science-Projekt, das der LBV 2005 startete und das 2010 von BirdLife Österreich und 2011 vom NABU übernommen wurde. Die Kooperation mit der ungarischen Naturschutzorganisation MME (Magyar Madártani és Természetvédelmi Egyesület) führte sogar zum Kauf eines 13 Hektar großen Sumpfgebiets im Osten Ungarns, das den Beginn eines großen Schutzgebietsprojekts markierte, welches seit 1996 von der Europäischen Union gefördert wurde.[6] Ein von den LBV-Umweltpädagogen erarbeiteter Naturerlebniskoffer des LBV kam 1996 im Rahmen der Städtepartnerschaft zwischen München und Kiew in die Ukraine.[7] Seit 2010 engagiert sich der LBV nach zwei vorbereitenden Expeditionen für den Schutz des Gobibären in der Mongolei. Außerdem unterhielt der LBV von 1998 bis 2005 an der Grenze zu Thüringen das Naturschutzgroßprojekt »Lange Berge/Bruchschollenkuppen«, das von der Stiftung Naturschutz Thüringen und dem Bayerischen Naturschutzfonds finan-

Zu den internationalen Projekten des LBV zählt der Schutz des Gobibären in der Mongolei.

ziert wurde.[8] Heute gehört das Gebiet zum Grünen Band Europa entlang des ehemaligen Eisernen Vorhangs.

Kooperationen blieben auch im Freistaat das Mittel der Wahl. 1995 verkündete *Vogelschutz* die Gründung einer »großen Allianz« für den Inn, bei der LBV und Bund Naturschutz zusammen mit dem Wasserwirtschaftsamt, den Innwerken und dem Fischereiverein an einem Tisch saßen und über Schutzmaßnahmen für den gebeutelten Alpenfluss diskutierten.[9] Allerdings scheint bei diesem Projekt die Kooperationsbereitschaft des LBV größer gewesen zu sein als jene der Wasserwirtschaft. Drei Jahre später war in einem Bericht über die »Inn-Allianz« von deren Mitgliedschaft jedenfalls keine Rede mehr, stattdessen hatten sich der Verein zum Schutz der Bergwelt, der Deutsche Alpenverein, der Bayerische Kanuverband, der Allgemeine Deutsche Fahrradclub und zwei weitere Verbände hinzugesellt.[10] 1993 führten die Verhandlungen über die Neubewilligung der Konzession des Kraftwerks Mühltal zur Gründung einer »Isar-Allianz« aller Naturschutz- und Sportverbände, die sich für die Verbesserung der ökologischen Gesamtsituation der Isar engagierten.[11] Zur Förderung des sanften Tourismus vereinbarte der LBV eine Kooperation mit dem Reiseunternehmen TUI.[12] 1999 ergab eine Bestandsaufnahme, dass der Verband in den vorangegangenen Jahren mit 24 Firmen Sponsoring- und Kooperationsprojekte betrieben hatte: vom »Störchle-Bier« einer Brauerei aus Schwaben bis zur LBV-Visa-Card.[13]

Bei manchen Themen gab es für den LBV jedoch keine Alternative zur strikten Verweigerung. Dazu gehörte die Gentechnik und Freilandversuche mit genmanipulierten Pflanzen.[14] Auch beim Protest gegen das Kernkraftwerk Temelin in Tschechien war der LBV aktiv, obwohl er bei Themen, die eher allgemeine Umweltprobleme als Probleme des Arten- und Biotopschutzes betrafen, sonst eine gewisse Zurückhaltung übte. Eine als Beilage zur Vereinszeitschrift versandte Unterschriftenliste ergab 16 643 Unterschriften für einen Baustopp innerhalb von nur zwei Monaten.[15] Als nach der Eröffnung des Rhein-Main-Donau-Kanals auf die Regulierung der Donau zwischen Straubing und Vilshofen gedrängt wurde, bezog der LBV ebenfalls klar Stellung. Einstimmig votierte die Delegiertenversammlung im Oktober 1992 gegen den Donauausbau.[16]

Der Donauausbau blieb über zwei Jahrzehnte einer der größten Streitpunkte des bayerischen Naturschutzes. Dabei schlug der LBV auch scharfe Töne an. »Es ist richtig, was dort an vielen Scheunen steht: Donau gestaut, Heimat versaut«, erklärte Sothmann auf der Delegiertenversammlung 2007. Zur Reaktion der Zuhörer vermerkte das Protokoll: »starker Beifall«.[17] Der LBV war dabei Teil eines breiten Bündnisses. Es reichte vom Abt des Benediktinerklosters Niederaltaich, Emmanuel Jungclaussen, der seit 1994 am Fest der Taufe Christi eine Donausegnung vornahm, bis zum Donaufest am Vatertag, das der Bund Naturschutz seit 2002 federführend organisiert und an dem sich neben anderen Verbänden auch der LBV beteiligt.[18] Erst 2013 verzichtete die Staatsregierung auf Staustufen an der Donau und setzte auf einen sogenannten sanften Ausbau. Für andere Umweltverbände wäre das Thema damit erledigt gewesen, aber beim LBV steht seither die kritische Begleitung des Genehmigungsverfahrens im Mittelpunkt, damit keine wertvollen Lebensräume unter die Räder kommen. Als München sich um die Olympischen Winterspiele 2018 bewarb, vollführte der LBV einen Spagat. Einerseits lehnte der Verband die Bewerbung ab, weil ein solches Großereignis einfach nicht zum Schutz des Alpenraums passte. Andererseits begleitete der Verband den Bewerbungsprozess von Anfang an in der Fachkommission Umwelt, um für den Schutz besonders sensibler Gebiete zu sorgen und prüfte dabei nicht nur die Pläne, sondern auch die eigene Rolle: »Abhängig von der Gewährleistung der Durchführung und den Inhalten der Leitprojekte prüft der LBV ständig kritisch, ob er den Bewerbungsprozess weiter begleiten kann.«[19] Die Nagelprobe blieb aus, weil das Internationale Olympische Komitee die Winterspiele an Pyeongchang vergab. Eine erneute Bewerbung für die Winterspiele 2022 scheiterte, weil das Projekt bei Bürgerbefragungen im November 2013 an allen vier Standorten durchfiel.[20]

Die Kombination von Konfliktbereitschaft und Kooperation war für die Arbeit des Verbandes durchaus charakteristisch. Weiterhin blieb der LBV bei seiner Maxime, dass ein effektiver Arten- und Biotopschutz einer soliden fachlichen Grundlage bedurfte, und investierte in den Ausbau der eigenen Wissensbasis. Ein aufschlussreiches Beispiel war das bayerische Quellschutzprogramm, bei dem Gedanken an Sponsoren oder Schlagzeilen anfangs nicht die geringste Rolle gespielt hatten. 1992 hatte eine Untersuchung zu Quellen im Einzugsbereich des Farrnbaches im Landkreis Fürth ergeben, dass von ehemals 40 Quellen, die in alten Karten nachgewiesen werden konnten, nur noch sieben existierten, von denen wiederum nur zwei noch einigermaßen naturnah waren. Daraus entstand der Gedanke eines landesweiten Quellenschutzprogramms. Unter der Obhut eines fachlich versierten Arbeitskreises sollten Quellen in verschiedenen Naturräumen des Freistaats kartiert und Maßnahmen zu ihrem Schutz konzipiert werden.[21] Erst im Laufe des Projekts zeigte sich, dass sich das Thema hervorragend für die Zusammenarbeit mit Sponsoren eignete; als Erster bemerkte anscheinend die Privatbrauerei M.C. Wieninger im

Die Landesgeschäftsstelle in Hilpoltstein.

Berchtesgadener Land den Prestigewert des Quellenschutzes.[22] Später baute der LBV in Zusammenarbeit mit dem Schweizer Versicherungsgiganten Swiss Re ein Interaktives Informationssystem Alpenquellen auf.[23] Heute läuft das Quellschutzprogramm unter dem Dach des Bayerischen Landesamts für Umwelt weiter.[24]

Zu den Projekten mit großer Ausstrahlung gehörte auch die Gebietsbetreuung am Ammersee, wo 1997 mit Unterstützung des Bayerischen Naturschutzfonds die erste hauptamtliche Betreuerstelle eines Ramsar-Schutzgebietes im Freistaat geschaffen wurde.[25] Das vierjährige Pilotprojekt war so erfolgreich, dass es inzwischen auf andere Gebiete ausgeweitet wurde. In der Oberpfalz betrieb der LBV erfolgreich die Wiedereinbürgerung des Rotviehs, einer Nutztierrasse, deren Zugkraft und Robustheit in der Intensivlandwirtschaft der Nachkriegszeit immer weniger gefragt gewesen war und der deshalb das Aussterben drohte.[26] Ein Projekt ganz anderer Art war der Bau einer neuen Landesgeschäftsstelle in Hilpoltstein, wo die Zahl der Mitarbeiter im Zuge des Aufschwungs des Vereins so weit angewachsen war, dass sie auf mehrere weit auseinander liegende Häuser verteilt werden mussten.[27] Dank großzügiger Unterstützung durch die Stadt, die Sparkassenstiftung und zahlreiche Bauunternehmen und Handwerksbetriebe sowie nicht zuletzt die Eigeninitiative der Mitarbeiter, die zum Beispiel die gesamten Malerarbeiten übernahmen, konnte der Bau nach anderthalbjähriger

Bauzeit im Oktober 1996 seiner Bestimmung übergeben werden.[28] Einige Wochen später beschloss der Stadtrat von Hilpoltstein, die Stichstraße, an der die neue Geschäftsstelle lag und die bis dahin den wenig ökologischen Namen »Dieselstraße« getragen hatte, in »Eisvogelweg« umzubenennen.[29] Jüngst wurde die Zentrale durch einen weiteren Bürotrakt und eine Lagerhalle für die Produkte des LBV-Shops erweitert.

Zugleich lief der Ausbau regionaler Geschäftsstellen und Umweltstationen in allen Teilen des Freistaats weiter, sodass zum 100-jährigen Jubiläum zwölf Umweltstationen und 20 Geschäftsstellen gezählt werden konnten. Welchen Stellenwert die Umweltbildung im LBV besaß, zeigte eine Bestandsaufnahme aus Anlass seines 90-jährigen Jubiläums: Im Jahre 1998 hatten über 78000 Menschen an 2661 Veranstaltungen des LBV teilgenommen.[30] Dahinter verbargen sich nicht nur Seminare und Führungen. Der Verband entwickelte Schatzkisten für Kindergärten, um Kinder im Vorschulalter einen spielerischen Zugang zur natürlichen Umwelt zu vermitteln, unterstützte Lehrer und Schüler bei der Umgestaltung ihrer Schulhöfe ließ Kinder Äpfel auf Streuobstwiesen sammeln, die dann mit der Handpresse zu Apfelsaft verarbeitet wurden.[31] Besonders erwähnt sei der ökologisch orientierte LBV-Kindergarten »Über dem Rothsee«, der im Herbst 1996 seine Pforten öffnete und bald nur noch als Arche-Noah-Kindergarten bekannt war. Neben der Integration von Natur und Mitgeschöpfen in den Kindergartenalltag wurde auch eine integrative Gruppe begründet, in der fünf behinderte mit zehn nichtbehinderten Kindern zusammen betreut wurden.[32]

All dies konnte man natürlich kritisieren. Peter Gauweiler, Bayerischer Umweltminister von 1990 bis 1994, mäkelte im Gespräch mit Sothmann über den »Käseglockennaturschutz« des Verbandes. Als dieser entgegnete, man mache wenigstens Naturschutz, fand das Gespräch ein abruptes Ende: Der Minister stand auf und kam nicht wieder.[33] Aber wenn man den Verband im Lichte der selbstgesteckten Ziele und seiner Mittel betrachtete, konnte man zufrieden sein. Es lief rund beim LBV. Die großen Probleme waren draußen in der bayerischen Landschaft und nicht im Verband, am wenigsten an der Spitze. Als der LBV 2009 sein hundertjähriges Jubiläum feierte, war Sothmann seit 31 Jahren Vorsitzender, und

Der erste Spatenstich für die Umweltstation Rothsee am 26. April 2010. Von links: Ludwig Sothmann, Schwester Gerda Friedel (Gesamtleitung Regens Wagner Zell), Markus Söder (Staatsminister für Umwelt und Gesundheit), Andreas Ammon (Behinderteneinrichtung Auhof der Rummelsberger Diakonie) und Herbert Eckstein (Landrat des Landkreises Roth).

das war die mit Abstand längste Amtszeit der Vereinsgeschichte. Im internationalen Vergleich hätte es noch Ziele gegeben. Um mit Winifred Duchess of Portland gleichzuziehen, der erwähnten Gründungsvorsitzenden der Royal Society for the Protection of Birds, hätte Sothmann noch 32 Jahre durchhalten müssen. Aber so dachte der Vorsitzende nicht.

Als er den Autor dieses Buches im September 2009 für ein langes Interview traf, sprach Sothmann auch darüber, wie er einen Nachfolger oder eine Nachfolgerin aufbauen wollte. Er war nicht amtsmüde, aber die Verantwortung gegenüber dem Verband gebot aus seiner Sicht, sich um eine tragfähige Regelung zu bemühen: »Ich kann schlecht sagen, ich hör jetzt auf und hab das Haus nicht bestellt. Also das würde mir total widersprechen.«[34] Der LBV war gewiss kein Verband, dessen Leitung man nach einem Blick in Jahresberichte und Stellenpläne einfach übernehmen konnte, und nach Jahrzehnten im Amt hatte der Vorsitzende zahlreiche Kontakte, die er nach Möglichkeit auf den Nachfolger übertragen wollte. Sothmann verdiente sein Geld weiterhin als Apotheker, aber das war für ihn kein zukunftsfähiges Modell – und das nicht nur, weil es in Hilpoltstein nur drei Apotheken gab. Anderswo hatten Verbände dieser Größe längst hauptamtliche Vorsitzende, aber die finanziellen Möglichkeiten des LBV waren beschränkt. Auch Ministerien suchten nach fähigen Leuten und lockten mit gut bezahlten Planstellen, auf denen man sich nicht alle vier Jahre zur Wiederwahl stellen musste.

Sothmann gab seinerzeit zu erkennen, dass er über diese Frage keine öffentliche Diskussion führen wollte. »Die Mitarbeiter hören da ja immer ungemein genau hin«, sagte Sothmann und bat um Vertraulichkeit.[35] Im Manuskript von 2009 findet sich deshalb kein Wort über das Thema, und man muss nicht weit schauen, um einen Anschauungsfall zu finden, wie ein hässlicher Streit mit dem Nachfolger eine lange und erfolgreiche Amtszeit überschatten konnte. Beim Bund Naturschutz brodelte seinerzeit der Streit zwischen Hubert Weinzierl, Vorsitzender von 1969 bis 2002, und seinem Nachfolger Hubert Weiger, und man kann sich unschwer vorstellen, wie belastend ein solcher Streit beim LBV geworden wäre. So gab es nach drei Jahrzehnten erfolgreicher Arbeit in Hilpoltstein ein großes Paar Schuhe, die einen neuen Besitzer brauchten. Man kann das Gespräch vom September 2009 aber auch als Indiz deuten, dass hier ein Vorsitzender wusste, wie wichtig es für sein Lebenswerk auf lange Sicht sein würde, dass er irgendwann loslassen konnte. Vielleicht gehört es ja auch zum Habitus des Ornithologen, sich in kritischen Situationen unbedachte Bewegungen zu verkneifen.

Generationenwechsel

Norbert Schäffer war über eine Jugendgruppe in Sulzbach-Rosenberg zum Naturschutz gekommen, hatte in Hilpoltstein seinen Zivildienst geleistet und war einige Jahre Mitglied im Landesvorstand des LBV. Seit 1985 studierte er Biologie an den Universitäten Regensburg und Bayreuth und promovierte 1997 mit einer Studie über Habitatwahl und Partnerschaftssysteme von Tüpfelralle und Wachtelkönig.[36] Danach ging Schäffer nach England, wo er zunächst für ein Jahr bei der Royal Society for the Protection of Birds arbeiten sollte. Daraus wurden am Ende fast zwei Jahrzehnte, die ihn in zahlreiche Länder brachten; zuletzt war er »Head of International Policy and Species Recovery«. Er pflegte in dieser Zeit aber auch die Kontakte zum LBV, brachte internationale Tagungen nach Hilpoltstein und hielt Vorträge bei Kreisgruppen. Schäffer kannte deshalb den Verband und auch die Größe der Fußstapfen, die der amtierende Vorsitzende hinterlassen würde. Er wusste auch, dass Sothmann viel Wert auf vertrauliche Gespräche legte. Wenn er ihm ins Gesicht sagte, dass er sein Nachfolger werden wollte, dann brodelte in Hilpoltstein nicht gleich die Gerüchteküche.

Schäffer wurde auf der Delegiertenversammlung im Oktober 2014 ohne Gegenkandidat zum neuen Vorsitzenden gewählt. Zu diesem Zeitpunkt lag das erste Gespräch mit Sothmann ein halbes Jahrzehnt zurück, und als Schäffer 2010 zum Mitglied des Wissenschaftlichen Beirats des LBV wurde, geschah das bereits mit der unausgesprochenen Idee, die Beziehungen zu intensivieren und jene Vertrautheit mit Projekten, Mitarbeitern und Ehrenamtlichen zu schaffen, die für einen konsensualen Übergang unverzichtbar war. Im Vorfeld hatten Sothmann und Schäffer regelmäßig miteinander gesprochen und Kontakte mit den Ministerien geknüpft, sodass Schäffer 2014 in den Naturschutzbeirat beim Bayerischen Staatsministerium für Umwelt und Verbraucherschutz berufen wurde. Die Gespräche gingen nach der Wahl weiter, zeitweise tauschten sich Sothmann und sein Nachfolger im Wochenrhythmus miteinander aus. Sothmann arbeitete weiter im Präsidium des Deutschen Naturschutzrings und saß im Zukunftsrat der Bayerischen Staatsregierung, im Biodiversitätsrat und weiteren Gremien, und als Ehrenvorsitzender blieb er auch dem LBV eng verbunden. Aber er war nicht mehr der Chef, und jeder konnte sehen, dass er das wusste und damit kein Problem hatte.[37]

Die Royal Society for the Protection of Birds, die seit 1997 mehr als eine Million Mitglieder hatte, war der größte Naturschutzverband Europas, und das Auftreten und die Popularität der Gesellschaft prägten Schäffers Blick auf den LBV. Deshalb war ihm wichtig, dass die Motivation des Verbandes einer positiven Vision entsprang und nicht etwa einem schlechten Gewissen oder düsteren Katastrophenszenarien. »Es darf uns nicht peinlich sein, über Rotkehlchen zu reden«, sagte Schäffer. Populäre Arten konn-

Startschuss für das Volksbegehren Artenvielfalt im Januar 2019. In der ersten Reihe von links: Agnes Becker (ÖDP), Norbert Schäffer (LBV), Ludwig Hartmann (Bündnis 90/Die Grünen), Richard Mergner (Bund Naturschutz).

ten schließlich auch als Sprungbrett für ein Gespräch über die großen Themen dienen. Man weiß natürlich im LBV, wie wichtig Artensterben, Klimawandel und die Monokultur in Land- und Forstwirtschaft sind, aber »wir müssen die Menschen da abholen, wo sie sind«.[38] Auch sonst müssen die Mitarbeiter in der Landesgeschäftsstelle mit gelegentlichen Hinweisen auf britische Gepflogenheiten leben. Außenansichten bietet auch ein jüngst eingerichtetes Kuratorium, und das ist in einem Verband mit vielen langjährigen Mitarbeitern und hoher Selbstrekrutierungsrate nicht unbedingt schädlich.

Man musste also nicht promovierter Biologe sein, um mit Schäffer auf Augenhöhe zu reden, und das hatte im Verband Tradition. Wer einen verletzten Vogel findet und beim LBV anruft, wird weiterhin nicht abgewimmelt, auch wenn der gefiederte Freund in den seltensten Fällen eine bedrohte Art ist. Charakteristisch war in dieser Hinsicht die Einschätzung zur Winterfütterung, die Volker Zahner für den Wissenschaftlichen Beirat auf der Delegiertenversammlung 2006 präsentierte: »Ist für den Populationsschutz unbedeutend, ist aber unschädlich und umweltpädagogisch wichtig und sinnvoll. Kinder z. B. würden aus der Vogelfütterung im Winter und aus der Betreuung von Nistkästen Kenntnisse für Zusammenhänge in der Natur gewinnen.«[39] Es half auch für den Übergang von Sothmann zu Schäffer, dass niemand an der Eigenständigkeit des LBV gegenüber dem NABU rütteln wollte. Anfänglichen Gerüchten über eine Verlagerung der Landesgeschäftsstelle trat Schäffer energisch entgegen, nicht zuletzt durch den Bau einer Immobilie in einem Dorf bei Hilpoltstein.

Es blieb auch Usus, dass der LBV jederzeit für sachliche Gespräche mit allen seriösen Gesprächspartnern zur Verfügung stand. Das klingt im 21. Jahrhundert allerdings anders als 1978, als Sothmann sich in seiner Grundsatzrede zu einer kooperativen Linie bekannte. Damals umfasste der LBV rund 10 000 Mitglieder, und was diese über den Mitgliedsbeitrag hinaus leisten würden, musste sich in den folgenden Jahren erst noch erweisen. Ein Verband, der emsig auf das 100 000. Mitglied hinarbeitete, musste hingegen nicht unbedingt mit allen reden, und der Dialog war gewiss nicht vergnügungssteuerpflichtig. Man musste im Gespräch mit den Fischern auch über die Kormorane reden, mit den Jägern über den alljährlichen Abschuss von mehr als 20 000 Eichelhähern und mit Landwirten über Monokulturen, Überdüngung und vieles mehr. »Es wäre viel leichter, Gräben aufzureißen und die anderen als falsch, böse und schlecht zu brandmarken«, sagte Schäffer.[40] Aber vielleicht fanden sich ja bessere Lösungen, wenn man der anderen Seite zuhörte.

Als hauptamtlicher Vorsitzender hatte Schäffer deutlich mehr Zeit als Sothmann, und das nutzte er nicht nur, um bei Veranstaltungen länger zu bleiben und häufiger nach München zu pendeln. Ein familiärer Führungsstil hatte seine Probleme, wenn ein Verband eine dreistellige Mitarbeiterzahl aufwies, und so vollzog sich das, was Schäffer als »Sprung von einem Familienbetrieb hin zu einem mittelständischen Unternehmen« beschrieb. Der neue Vorsitzende setzte auf klare Zielvorgaben und Erfolgskontrollen, auch wenn das im Alltag gelegentlich kaltherzig wirkte. »Da müssen Sie durch«, sagte jemand aus dem Beraterkreis aus der freien Wirtschaft, den Schäffer nach seiner Wahl um sich scharte.[41] Es war ja auch kein Menschenschleifer aus den Abgründen des Frühkapitalismus, der da aus Großbritannien nach Hilpoltstein gekommen

Der Trägerkreis Volksbegehren vor dem Maximilianeum nach der Annahme durch den Landtag am 17. Juli 2019. Von links: Claus Obermeier (Vorstand Gregor Louisoder Umweltstiftung), Norbert Schäffer, Ludwig Hartmann und Agnes Becker.

war. Die Mitarbeiter konnten weiter auf Fairness, Unterstützung und Zuverlässigkeit zählen, der LBV wurde mehrfach als Arbeitgeber ausgezeichnet, und auf der Karriereseite des LBV wird weiterhin von einer »LBV-Familie« gesprochen.[42] Es hatte schließlich auch positive Seiten, wenn mehr im Team gearbeitet wurde und Informationen über Gespräche im Ministerium an alle Mitarbeiter gingen, die es betraf. Bei der LBV-Strategie wurde ausführlich und offen diskutiert, und wenn man nach langer Debatte ein Papier beschloss, das schon am Anfang vorgelegen hatte, dann galt das nicht als Problem. Über die Frage, ob so ein Diskursprozess auch unter Sothmann möglich gewesen wäre, muss man nicht diskutieren. »Das sage ich ganz frei raus: Diese Prozesse haben mir zu lange gedauert«, antwortete er auf die Frage nach der Entstehung der LBV-Strategie.[43] Eingebracht hat sich Sothmann natürlich trotzdem.

Unter den Mitarbeitern regiert das »Du« bis hoch zur Spitze – Schäffer bot es allen Mitarbeitern in seiner Antrittsrede am Montag nach seiner Wahl an –, aber letztlich soll die Motivation der Mitarbeiter und des Verbandes dem gemeinsamen Erfolg entspringen. Wie gut das funktionieren kann, zeigte das Volksbegehren Artenvielfalt Anfang 2019. Über zwei Wochen gingen 1,74 Millionen Menschen und damit 18,3 Prozent der Wahlberechtigten in die bayerischen Rathäuser und bekundeten ihre Unterstützung per Unterschrift, und das machte »Rettet die Bienen« zum erfolgreichsten Volksbegehren der bayerischen Geschichte. Nach einem runden Tisch Artenvielfalt unter der Leitung von Alois Glück wurde das Gesetz zusammen mit einem Maßnahmenpaket am 17. Juli 2019 vom Landtag verabschiedet, und kaum etwas schweißt einen Verband bekanntlich stärker zusammen als gemeinsame Kampagnenarbeit. Jeder konnte mitmachen, und zwar ohne lokale Anliegen und persönliche Präferenzen zurückzustellen. Letztlich ist der LBV nicht nur ein Netzwerk, das beim Volksbegehren seine Kampagnenfähigkeit unter Beweis gestellt hat, sondern auch eine Art Holding für alle, die sich im Freistaat für den Arten- und Biotopschutz einsetzen. »Es ist vollkommen unmöglich, die Arbeit des LBV in einem Jahr auf vierzig Seiten darzustellen«, schrieb Norbert Schäffer im Vorwort zum Jahresbericht 2018.[44]

»Der LBV ist politischer und unbequemer geworden«, beschreibt der Vorsitzende des Wissenschaftlichen Beirats Volker Zahner die Entwicklung des Verbandes in den vergangenen Jahren.[45] Das zeigte sich jüngst im Kampf gegen eine Skischaukel am Riedberger Horn in den Allgäuer Alpen, für die eine im Alpenplan festgelegte Zonierung revidiert werden sollte, und in einer erfolgreichen Klage vor dem Verwaltungsgericht Augsburg gegen ein Wasserkraftwerk im Allgäuer Naturschutzgebiet Eisenbreche.[46] Die Gegner schlafen freilich nicht. Die Aktion Grüne Kreuze und die Bauernproteste vom Herbst 2019 waren auch eine Reaktion auf das erfolgreiche Volksbegehren, und die Politik blieb nicht unbeeindruckt. Man muss gegen Arten- und Biotopschutz heute nicht mehr in offener Feldschlacht kämpfen. Manchmal reicht es schon, an den Details zu schrauben. Man kann das jedenfalls versuchen. Ein Jahr nach dem Volksbegehren verabschiedete der Ministerrat eine Verordnung, die bei Streuobstbäumen eine Mindesthöhe für den Kronenansatz forderte und damit das Gros der bayerischen Streuobstwiesen ausnahm. »Erster Stresstest nicht bestanden«, erklärte der LBV in einer Presseerklärung und drohte mit Klage.[47] Das Ergebnis war zum Zeitpunkt der Drucklegung ungewiss. Aber man kann sicher sein, dass der LBV die Entwicklung im Auge behalten wird.

Schlussbetrachtung

Vereinsgeschichte schreiben

Das Volksbegehren von 2019 war ein großartiger Erfolg, aber für den LBV war es auch das größte Wagnis der jüngeren Vereinsgeschichte. Ein solches Projekt kostet eine Menge Geld, und niemand konnte vorab wissen, ob sich Menschen mitten im Winter für die Bienen mobilisieren lassen würden. Außerdem hat der LBV seit 2019 mehr als 100 000 Mitglieder, und wenn man noch das gute Betriebsklima und das idealistische Engagement von Tausenden von Ehrenamtlichen in den Blick nimmt, drängt sich ein enthusiastisches Fazit auf. Nach dem geglückten Generationenwechsel gibt es keine verbandsinternen Herausforderungen mehr, die der Bewältigung harren, und die Arbeit wird dem Verband ohnehin nicht ausgehen. Einen starken Verband für den Arten- und Biotopschutz braucht Bayern mehr denn je.

Kein Zweifel: Dem LBV geht es im Moment richtig gut. Ansonsten hätte er auch wohl kaum einem Historiker den Auftrag erteilt, die eigene Geschichte unter Wahrung der wissenschaftlichen Autonomie aufzuarbeiten und dabei bis an die Schwelle der Gegenwart zu gehen. Man kann die Verbandsgeschichte freilich auch als Mahnung vor einer überbordenden Selbstgewissheit interpretieren. Seine 111-jährige Geschichte ist keine eingleisige Erfolgsgeschichte, sondern eher die Geschichte einer mehrfachen Neuerfindung dessen, was Vogelschutz und später Arten- und Biotopschutz ausmacht und wie man ihn politisch und praktisch betreiben sollte. Manche Krisen bahnten sich langfristig an, andere entstanden plötzlich, und manchmal gab es auch glückliche Umstände, die die Arbeit des Verbandes beflügelten – wie in den ökologischen achtziger Jahren, die Ende der siebziger Jahre kaum ein Beobachter der Bun-

Ein zeitloses Bild, aufgenommen 2013 bei Augsburg: LBV-Mitglieder bei einer Exkursionsleiterschulung zum Thema Vögel.

desrepublik vorausgeahnt hatte. Als dieses Buch auf die Zielgerade bog, legte der Corona-Virus das Leben in Europa lahm, was den Schlussspurt zeitweise zu einer Art Hürdenlauf werden ließ, und irgendwie passte das ja zum Thema. Man kann die Vereinsgeschichte auch als Mahnung betrachten, dass man sich nie zu sicher sein sollte, wie es laufen wird.

Am Anfang dieses Projekts stand ein Gespräch mit Ludwig Sothmann im Dezember 2008. Das Ergebnis ist ein Lebensbild eines Verbandes, der in der deutschen Umweltgeschichtsforschung bislang im Schatten anderer Organisationen stand, die nicht nur größer waren, sondern auch stärker auf öffentliche Sichtbarkeit hinarbeiteten. Es ist keine erschöpfende Darstellung, sondern eher ein Überblick, der zugleich als Grundgerüst für weitere Forschungen dienen mag – und auch ein Memento, wie vielfältig die Umweltszene in Deutschland tatsächlich ist. Dass dieses Buch entstehen konnte, lag nicht nur an der Unterstützung durch zahlreiche bayerische Archivare und an Eva Preuß und Claas Kirchhelle, die 2009 als wissenschaftliche Hilfskräfte das Gros der Recherchen übernahmen. Es lag auch daran, dass der LBV mich zu einem günstigen Zeitpunkt ansprach. Im Januar 2009 wurde ich habilitiert und war damit offen für neue Projekte, und im Frühjahr 2020 war ich dank eines Forschungsfreisemesters ebenfalls flexibel. Es ist ein Muster, das dem Leser dieses Buches vertraut vorkommen könnte, denn so lief es in der Geschichte des LBV ja durchaus öfter. Manchmal macht man alles richtig, auch wenn man es gar nicht weiß.

Chronologischer Überblick

1909 Bei einer Zusammenkunft von Behörden- und Verbandsvertretern im Staatsministerium des Innern am 29. November wird die Gründung einer Staatlich autorisierten Kommission für Vogelschutz in Bayern als Dachorganisation des bayerischen Vogelschutzes vereinbart. Das erste Treffen unter der Leitung des designierten Vorsitzenden Hermann von Gebsattel findet gleich im Anschluss statt.

1910 Die Kommission wird vom Prinzregenten Luitpold für rechtsfähig erklärt. Ihr Sitz wird auf Wunsch des Vorsitzenden Bamberg. Sie entfaltet rasch eine lebhafte Tätigkeit, die schwerpunktmäßig, aber nicht ausschließlich auf den Schutz »nützlicher« Vögel hin orientiert ist.

1911 Durch eine Satzungsänderung wird die Kommission zugleich zum Landesverband, um die Beteiligung von privaten Vogelschutzvereinigungen stärker zu betonen. Seither lautet ihr offizieller Name »Staatlich autorisierte Kommission-Landesverband für Vogelschutz in Bayern«.

1914 Seit Beginn des Ersten Weltkrieges verliert die Kommissionsarbeit durch die Einziehung von Mitarbeitern zum Kriegsdienst und die wachsende Mangelwirtschaft sukzessive an Intensität.

1917 Im Rahmen einer Verwaltungsreform wird die Kommission für Vogelschutz in »Staatlich anerkannter Ausschuss für Vogelschutz in Bayern« umbenannt.

1920 Hermann von Gebsattel legt den Vorsitz des Ausschusses nieder.

1924 Nach einer kurzen Amtszeit des Forstentomologen Karl Leopold Escherich wird der Ausschuss vom Regierungsdirektor Josef Neblich geleitet. Der von Forstleuten dominierte Ausschuss betreibt nun verstärkt einen wirtschaftlich ausgerichteten Vogelschutz.

1931 Der Ausschuss zieht von Bamberg in eine neue Vogelschutzwarte im Kurpark von Garmisch. Der Umzug führt zu einer spürbaren Belebung der Vogelschutzarbeit.

1933 Die Mitarbeiter der Vogelschutzwarte treten in einer augenscheinlich koordinierten Aktion in die NSDAP ein.

1934 Mit der Proklamation der »Erzeugungsschlacht« verstärkt sich die Konzentration auf den wirtschaftlichen Vogelschutz noch einmal zusätzlich.

1935 Die Verabschiedung des Reichsnaturschutzgesetzes führt zu einer Belebung der Arbeit, die unter anderem zur Einrichtung eines umfangreichen Netzwerks ehrenamtlicher Vogelschutzobmänner und zur Auslobung von Mustergemeinden für wirtschaftlichen Vogelschutz führt.

1938 Nach einem Konflikt um seine Mitgliedschaft in einer Freimaurerloge bittet der Leiter der Vogelschutzwarte Karl Haenel, der fast ein Vierteljahrhundert lang Landessachverständiger für Vogelschutz gewesen war, um seine vorzeitige Pensionierung. Sein Nachfolger wird Otto Henze.

1939 Im Zuge der Gleichschaltung im Reichsbund für Vogelschutz wird der Landesverband in »Landesbund für Vogelschutz in Bayern« umbenannt. Für die Alltagsarbeit des bayerischen Vogelschutzes bleibt die Gleichschaltung jedoch belanglos.

1942 Die Verstaatlichung der Vogelschutzwarte markiert erstmals eine klare Trennung von amtlichen und verbandlichen Strukturen im bayerischen Vogelschutz.

1947 Nachdem die Gemeinde Garmisch-Partenkirchen die Räume der Vogelschutzwarte im Kurhaus kündigt, schließt Otto Henze Verträge über den Bau einer neuen Vogelschutzwarte. Das überdimensionierte Projekt ruiniert die Finanzen des Landesbundes.

1952 Henze und seine Mitarbeiter beziehen den Rohbau der Vogelschutzwarte. Danach stehen die Bauarbeiten weitgehend still.

1955 Die Vogelschutzwarte wird durch den Staat übernommen. Dies führt jedoch nicht zu einer Entspannung der Situation.

1959 Der Konflikt um die Vogelschutzwarte spitzt sich in einer hitzigen Mitgliederversammlung zu. Ein Untersuchungsausschuss stützt den neuen Vorsitzenden Heribert Stauber und bezeichnet den von Henze betriebenen Bau der Vogelschutzwarte als entscheidenden Grund für die Krise des Verbandes. Henze wird als Leiter der Vogelschutzwarte abgesetzt und durch Herbert Brandt ersetzt.

1966 Einhard Bezzel wird Brandts Nachfolger und zieht kurze Zeit später auch in den Vorstand des LBV ein. Er treibt in den folgenden Jahren die Öffnung von Vogelschutzwarte und Landesbund für modernen Arten- und Biotopschutz voran.

1969 Am Ende des Jahres hat der LBV 10 519 Mitglieder.

1970 Der LBV erwirbt Streuwiesen im Donauried und Nasswiesen im Landkreis Gunzenhausen. Aufkauf und Pflege schützenswerter Grundstücke werden in den folgenden Jahren zu einem Schwerpunkt der Vereinsarbeit.

1971 Der Landesbund tritt dem Deutschen Bund für Vogelschutz als korporatives Mitglied bei.

1973 LBV und Bund Naturschutz beschließen eine wechselseitige Verzahnung der Vorstände. Hubert Weinzierl wird dadurch Mitglied im LBV-Vorstand.

1974 Die »Schwalbenkatastrophe« zeigt, wie leicht ein moderner Vogelschutz mit einer naiven, aber populären Empathie für bedrohte Vögel in Konflikt geraten kann.

1975 Die Umbenennung der Vogelschutzwarte in »Institut für Vogelkunde« bekräftigt deren Zugehörigkeit zum Landwirtschaftsressort. Erst zwei Jahrzehnte später wird sie dem Landesamt für Umweltschutz eingegliedert.

1977 In einer außerordentlichen Mitgliederversammlung wird der dreiköpfige Vorstand als Spitzengremium des LBV abgeschafft und durch das traditionelle Konstrukt eines Ersten Vorsitzenden ersetzt.

1978 Ludwig Sothmann wird auf der Grundlage der neuen Satzung zum Vorsitzenden gewählt.

1978 Das bisherige *Mitteilungsblatt* des LBV wird durch die Zeitschrift *Vogelschutz* ersetzt.

1979 Auf Betreiben Sothmanns wird Manfred Siering als hauptamtlicher Geschäftsführer des LBV eingestellt; ihm folgt nach zwei Jahren Gerhard Koller. Unter dessen Leitung vollzieht sich in den folgenden Jahren der rasche Aufbau eines leistungsfähigen und fachlich geschulten Mitarbeiterstabs.

1980 Der Kauf eines 31 Hektar großen Gebietes im Loisach-Kochelsee-Moor ist der bis dahin größte Biotopschutzkauf eines bayerischen Naturschutzverbandes.

1981 In einer Abstimmung entscheiden sich die Mitglieder für den Eisvogel als Wappentier des LBV.

1982 Die Delegiertenversammlung beschließt eine Intensivierung der Jugendarbeit. Zwei Jahre später wird der erste Landesjugendvorstand gewählt.

1984 In der Kreisgruppe Coburg wird das 20 000. LBV-Mitglied begrüßt. Schon vier Jahre später wird die Marke von 30 000 Mitgliedern überschritten. Zugleich wird mit der Einweihung der Landesgeschäftsstelle in der Kirchenstraße 8 der Umzug des LBV von Garmisch-Partenkirchen nach Hilpoltstein abgeschlossen.

1987 Im Rahmen der verstärkten Jugendarbeit wird das Magazin *Nestflüchter* geschaffen.

1990 Nach dem Ende des Kalten Krieges intensivieren sich die Kontakte nach Ostmitteleuropa.

1992 Eine Untersuchung zu Quellen im Landkreis Fürth gibt den Anstoß zu einem bayernweiten Quellschutzprogramm. Zehn Jahre später sind 2000 Quellen kartiert.

1993 Aus Verhandlungen über die Neukonzession eines Wasserkraftwerks entsteht die »Isar-Allianz«, in der sich mehrere Naturschutz- und Sportverbände für die Verbesserung der ökologischen Gesamtsituation an der Isar engagieren. Ähnliche Vereinigungen entstehen später auch an Inn und Ammer.

1996 Der Landesverband eröffnet seine heutige Landesgeschäftsstelle am Eisvogelweg in Hilpoltstein. Im selben Jahr öffnet auch der Arche-Noah-Kindergarten seine Pforten. Als erster Naturschutzverband Deutschlands wird der LBV damit Träger eines ökologisch-integrativen Kindergartens.

1997 Am oberbayerischen Ammersee wird der erste hauptamtliche Ramsar-Gebietsbetreuer angestellt.

1999 Der LBV erwirbt das Fischereirecht an einem 6,5 Kilometer langen Flussabschnitt am Schwarzen Regen, der in den folgenden Jahren zu einer Referenzstrecke für ökologische Forschungen entwickelt wird. Im selben Jahr beginnt im Oberpfälzer Wald das Rotviehprojekt.

2001 Der LBV wird zum »NABU-Partner Bayern«.

2002 Gründung der Stiftung Bayerisches Naturerbe.

2004 Der LBV unterstützt das Volksbegehren gegen die Forstreform der Staatsregierung, das jedoch knapp scheitert: Statt der geforderten zehn Prozent der wahlberechtigten Bevölkerung unterschreiben »nur« 9,3 Prozent der Bürger das Volksbegehren in ihren Rathäusern.

2006 Nach dem Wirbel um den nach Bayern eingewanderten Braunbären Bruno veröffentlicht der LBV Leitlinien »für das künftige Miteinander von Luchs, Wolf und Bär mit den Menschen«.

2009 Im Jahr seines 100-jährigen Bestehens hat der LBV zwölf Umweltstationen, 20 Geschäftsstellen, über 3000 Aktive und 75 000 Mitglieder.

2014 Nach 36 Jahren kandidiert Ludwig Sothmann nicht mehr als Vorsitzender. Im Oktober wählt die Delegiertenversammlung Norbert Schäffer zum hauptamtlichen Vorsitzenden.

2017 Nach intensiven Konsultationen auf allen Ebenen wird die LBV-Strategie 2020 verabschiedet.

2019 Das Volksbegehren Artenschutz »Rettet die Bienen!«, das maßgeblich vom LBV getragen wird, wird zum erfolgreichsten Volksbegehren der bayerischen Geschichte. Mehr als 18 Prozent der Wähler unterstützen das Volksbegehren per Unterschrift. Der Landtag beschließt im Juli mit breiter Mehrheit ein neues Naturschutzgesetz.

2019 Der LBV überschreitet die Schwelle von 100 000 Mitgliedern.

Anmerkungen

Einleitung: Eine bewegte Geschichte

1 Bayerisches Hauptstaatsarchiv München (im Folgenden BHStA) MK 11728, Niederschrift über die am 29.11.1909 im Staatsministerium des Innern abgehaltene Besprechung über Vogelschutz, S. 1.
2 Vgl. etwa BHStA MA 100592, Bayerisches Staatsministerium für Landwirtschaft an das Staatsministerium des Äußern, 9.9.1927 und Tätigkeitsbericht des Landesverbandes für Vogelschutz in Bayern vom 15.11.1932, S. 9.
3 BHStA MK 11729, Amtsblatt der Staatsministerien des Königlichen Hauses und des Äußern und des Innern Nr. 18 vom 29.4.1910 und Staatsministerium des Innern an die Staatlich autorisierte Kommission für Vogelschutz in Bayern, 3.6.1910.
4 Gerti Fluhr-Meyer, Bettina Weiz, Evelin Köstler, NaturschutzGeschichte(n) Band II, Laufen 2011, S. 54.
5 Vgl. Winfried Berner, Gerettete Landschaften. 40 Wanderungen zu bayerischen Naturschutzerfolgen, München 2013.
6 Zitiert nach Walther Schoenichen, Naturschutz, Heimatschutz. Ihre Begründung durch Ernst Rudorff, Hugo Conwentz und ihre Vorläufer, Stuttgart 1954, S. 279.

I. Gründerzeit des Naturschutzes Vor 1914

1 Vgl. Friedemann Schmoll, Erinnerung an die Natur. Die Geschichte des Naturschutzes im deutschen Kaiserreich, Frankfurt und New York 2004; Andreas Knaut, Zurück zur Natur! Die Wurzeln der Ökologiebewegung (Supplement 1 [1993] zum Jahrbuch für Naturschutz und Landschaftspflege), Greven 1993.
2 BHStA MK 11728, 6. Jahresbericht des Vereins für Vogel-Zucht und -Schutz München vom 6.3.1891 und Neuwahlergebnisse des Vereins für Vogelzucht und -Schutz vom 2.3.1895.
3 Vgl. als Überblick Hans Freiherr von Welser, Der Vogelschutz in Bayern, München 1909.
4 Hans Freiherr von Berlepsch, Der gesamte Vogelschutz, seine Begründung und Ausführung, Halle 1904, S. 1.

5 Ebd., S. 4.
6 Staatsarchiv Landshut (im Folgenden StAL) Regierung von NB Rep. 168/1 Nr. 18366, Gebsattel an die Regierung von Niederbayern, 2.8.1912, S. 2.
7 BHStA MK 11728, Staatsministerium des Innern an das Staatsministerium des Innern für Kirchen- und Schulangelegenheiten, 18.11.1909.
8 BHStA MK 11729, Schreiben des 1. Vorsitzenden des Vereins für Vogelschutz in Bayern e. V. vom 21.10.1910 mit beiliegenden Tätigkeitsberichten des Vereins von 1907–1909, S. 5, 17, 21–34.
9 Naturwissenschaftliche Wochenschrift Neue Folge Bd. 8 (1909), S. 303.
10 BHStA MK 11728, Niederschrift über die am 29.11.1909 im Staatsministerium des Innern abgehaltene Besprechung über Vogelschutz, S. 3 f.
11 Ebd., S. 4.
12 Ebd., S. 6 f.
13 BHStA MK 11729, Gebsattel an das Staatsministerium des Innern, 7.5.1910.
14 BHStA MA 93006, Tätigkeitsbericht des Vereins für Vogelschutz in Bayern für 1907, 1908 und 1909, S. 18, 19.
15 BHStA MK 11728, Niederschrift über die am 29.11.1909 im Staatsministerium des Innern abgehaltene Besprechung über Vogelschutz, S. 1; BHStA MK 11729, Gebsattel an das Staatsministerium des Innern, 7.5.1910.
16 BHStA MK 11728, Niederschrift über die am 29.11.1909 im Staatsministerium des Innern abgehaltene Besprechung über Vogelschutz, S. 2.
17 BHStA MK 11729, Einladung des Vorsitzenden vom 20.2.1910 zur Kommissionssitzung am 3.3.1910, Anlage 1.
18 BHStA MK 11729, Staatsministerium des Innern an den Vorsitzenden der Staatlich autorisierten Kommission für Vogelschutz in Bayern, 17.3.1911.
19 Ebd.
20 Tierfreund 1 (1910/11), S. 46.
21 BHStA MK 11729, Satzung der Staatlich autorisierten Kommission für Vogelschutz in Bayern, § 5.
22 BHStA MK 11728, Niederschrift über die am 29.11.1909 im Staatsministerium des Innern abgehaltene Besprechung über Vogelschutz, S. 1, 15.
23 Staatsarchiv Bamberg (im Folgenden StAB) K 350 II Nr. 4753, Forstamt Pegnitz an die Regierung von Oberfranken, 24.4.1909 und Verein für Vogelschutz in Bayern an die Regierung von Oberfranken, 14.6.1909.
24 Gebsattel erklärte im Vorwort eines 1911 erstmals erschienenen Buches, der 1874 geborene Haenel habe »den Vogelschutz praktisch zirka 20 Jahre intensiv betrieben«. (Hermann Freiherr von Gebsattel, Vorwort, in: Karl Haenel, Der Vogelschutz. In Bayern organisiert von der Staatlich autorisierten Kommission [dem Landesverband] für Vogelschutz nach den von Freiherrn von Berlepsch aufgestellten Grundsätzen, München 1913, S. 3.)
25 StAB K 350 II Nr. 4753, Staatsministerium der Finanzen, Forstabteilung an die Regierung von Oberfranken, 30.3.1910, und Staatsministerium der Finanzen, Forstabteilung an das Staatsministerium des Innern, 6.6.1911; Bericht der Staatlich autorisierten Kommission – des Landesverbandes – für Vogelschutz in Bayern, Juli 1912, München 1912, S. 5.

26 BHStA MK 11729, Amtsblatt der Staatsministerien des Königlichen Hauses und des Äußern und des Innern Nr. 28 vom 16.11.1914, S. 492–494.
27 Vereinigung des Adels in Bayern (Hg.), Genealogisches Handbuch des in Bayern immatrikulierten Adels Bd. 7, Neustadt an der Aisch 1961, S. 190; StAB G 41 Nr. A 204, Familiengeschichte v. Gebsattel, S. 51.
28 BHStA MK 11729, Satzung der Staatlich autorisierten Kommission für Vogelschutz in Bayern, § 1.
29 Staatsarchiv Augsburg Forstamt Gessertshausen Nr. 147, Staatsministerium der Finanzen, Forstabteilung an alle Regierungsforstkammern, 31.10.1911.
30 BHStA MK 11729, Einladung des Vorsitzenden vom 20.2.1910 zur Kommissionssitzung am 3.3.1910, S. 2 f.
31 Karl Otmar von Aretin, Der bayerische Adel. Von der Monarchie zum Dritten Reich, in: Martin Broszat, Elke Fröhlich, Anton Grossmann (Hg.), Bayern in der NS-Zeit. Bd. 3: Herrschaft und Gesellschaft im Konflikt. Teil B, München und Wien 1981, S. 513–567; S. 526.
32 Thomas Nipperdey, Deutsche Geschichte 1866–1918. Zweiter Band: Machtstaat vor der Demokratie, München 1992, S. 605.
33 Dazu Näheres unten, S. 64.
34 Uwe Lohalm, Völkischer Radikalismus. Die Geschichte des Deutschvölkischen Schutz- und Trutz-Bundes 1919–1923, Hamburg 1970, S. 40 f.
35 Alfred Kruck, Geschichte des Alldeutschen Verbandes 1890–1939, Wiesbaden 1954, S. 70, 132 f.
36 Stephan Link, Die nationalen Agitationsverbände Bambergs vor 1914: Vorläufer des Nationalsozialismus? in: Historischer Verein Bamberg. Bericht 141 (2005), S. 435–501; S. 483.
37 Ebd., S. 484.
38 BHStA MK 11728, Niederschrift über die am 29.11.1909 im Staatsministerium des Innern abgehaltene Besprechung über Vogelschutz, S. 18 f.
39 Karl Haenel, Der Vogelschutz. In Bayern organisiert von der Staatlich autorisierten Kommission (dem Landesverband) für Vogelschutz nach den von Freiherrn von Berlepsch aufgestellten Grundsätzen, München 1913, S. 7.
40 BHStA MK 11729, Tätigkeitsbericht in Anlage zu Gebsattel an das Kultusministerium, 28.4.1911, S. 1–3; Hermann Freiherr von Gebsattel, Die Organisation des Vogelschutzes, in: Tierfreund 1 (1910/11), S. 5–6; Zitat S. 6.
41 Ebd., Gebsattel an das Staatsministerium des Innern, September 1910, S. 5; Gebsattel, Vorwort, S. 3.
42 BHStA MK 11729, Tätigkeitsbericht in Anlage zu Gebsattel an das Kultusministerium, 28.4.1911, S. 5; Tierfreund 1 (1910/11), S. 45 (Zitat).
43 Bericht der Kommission, Juli 1912, S. 12.
44 BHStA MK 11729, Tätigkeitsbericht in Anlage zu Gebsattel an das Kultusministerium, 28.4.1911, S. 2.
45 StAB G 41 Nr. A 205.
46 BHStA MK 11729, Gebsattel an das Staatsministerium des Innern, September 1910, S. 4.

47 Bericht der Kommission, Juli 1912, S. 7.
48 BHStA MK 11729, Die Tätigkeit der Staatlich autorisierten Kommission – des Landesverbandes – für Vogelschutz in Bayern 1912/13, S. 4.
49 Bericht der Kommission, Juli 1912, S. 9.
50 Staatsarchiv München (im Folgenden StAM) LRA 106171, Rundschreiben an die Bezirksämter vom Oktober 1910.
51 Bericht der Kommission, Juli 1912, S. 4.
52 Ebd.
53 StAB K 350 II Nr. 4753, Staatsministerium der Finanzen an die Regierung von Oberfranken, 31.10.1911.
54 BHStA MK 11729, Gebsattel an das Ministerium des Innern für Kirchen- und Schulangelegenheiten, 7.1.1913, S. 4.
55 Bericht der Kommission, Juli 1912, S. 13.
56 Ebd., S. 2.
57 Ebd., S. 5.
58 Stadtarchiv Bamberg C 2/20850, Gebsattel an den Kommerzienrat, 15.12.1909.
59 Ebd., Gebsattel an den Stadtmagistrat Bamberg, 12.10.1911.
60 Ebd., Der Vorsitzende der Staatlich autorisierten Kommission für Vogelschutz in Bayern an den Stadtmagistrat Bamberg, 23.6.1910.
61 Ebd., Der Vorsitzende der Staatlich autorisierten Kommission für Vogelschutz in Bayern an den Stadtmagistrat Bamberg, 26.11.1910, S. 2.
62 StAB K 350 II Nr. 4753, Haenel und Gebsattel an das Staatsministerium für Finanzen, 2.1.1914, S. 4.
63 Stadtarchiv Bamberg C 2/20850, Gebsattel an den Magistrat der Stadt Bamberg, 29.12.1910.
64 BHStA MK 11729, Tätigkeitsbericht in Anlage zu Gebsattel an das Kultusministerium, 28.4.1911, S. 4.
65 Marktarchiv Garmisch-Partenkirchen (im Folgenden MGAP) Altregistratur Garmisch X, 32, 2, Vogelschutz (für die Gendarmerie und die Polizeiorgane).
66 Tierfreund 1 (1910/11), S. 49.
67 BHStA MK 11729, Staatsministerium des Innern an den Vorsitzenden der Kommission für Vogelschutz, 1.3.1910 und Staatsministerium der Finanzen an die Kommission für Vogelschutz, 10.4.1910.
68 Ebd., Amtsblatt der Staatsministerien des Königlichen Hauses und des Äußern und des Innern Nr. 18 vom 29.4.1910.
69 Ebd., Einladung des Vorsitzenden vom 20.2.1910 zur Kommissionssitzung am 3.3.1910, Anlage 3; BHStA MA 92909.
70 StAL Regierung von NB Rep. 168/1 Nr. 18366, Gebsattel an die Regierung von Niederbayern, 11.8.1913, S. 1.
71 BHStA MK 11729, Tätigkeitsbericht in Anlage zu Gebsattel an das Kultusministerium, 28.4.1911, S. 3.
72 Bericht der Kommission, Juli 1912, S. 9 f.
73 MGAP Altregistratur Garmisch X, 32, 25, Seine Königliche Hoheit Prinz Alfons von Bayern, Hofmarschallamt, an den Bürgermeister, 22.11.1930.

74 Tierfreund 1 (1910/11); Bericht der Kommission, Juli 1912, S. 7.
75 Vgl. BHStA MK 11729, Gebsattel an das Staatsministerium des Innern, 13.3.1914, Tätigkeitsbericht für 1912/13, Beilage 19.
76 Ebd., Gebsattel an das Staatsministerium des Innern, 1.8.1910, S. 2 f.
77 StAL Regierung von NB Rep. 168/1 Nr. 18366, Gebsattel an die Regierung von Niederbayern, 11.8.1913, S. 1.
78 BHStA Gesandtschaft Turin-Rom-Neapel 1990, Schreiben Gebsattels vom 31.3.1914, S. 2.
79 BHStA MK 11728, Staatsministerium des Innern an das Staatsministerium des Innern für Kirchen- und Schulangelegenheiten, 18.11.1909, S. 1.
80 BHStA MK 11728, Niederschrift über die am 29.11.1909 im Staatsministerium des Innern abgehaltene Besprechung über Vogelschutz, S. 26.
81 BHStA MK 11729, Gebsattel an das Staatsministerium des Innern, September 1910, S. 4.
82 Berlepsch, Der gesamte Vogelschutz, S. 113.
83 Ebd., S. 112.
84 Ebd., S. 109.
85 BHStA MA 93006, Staatsministerium des Innern an das Staatsministerium des Königlichen Hauses und des Äußern, 16.10.1911. Für die Verhandlungen auf dem zweiten deutschen Vogelschutztag siehe Tierfreund 1 (1910/11), S. 62–64.
86 MGAP Altregistratur Garmisch X, 32, 2, Vogelschutz (für die Gendarmerie und die Polizeiorgane), S. 2.
87 StAL Regierung von NB Rep. 168/1 Nr. 18366, Der Vorsitzende der Staatlich autorisierten Kommission für Vogelschutz in Bayern an die Kreisregierung, 13.5.1910.
88 Bericht der Kommission, Juli 1912, S. 13, 14.
89 BHStA StK 16993, Landtagspräsident Ehard an die Staatskanzlei, 7.7.1958.
90 Ebd., Der Bayerische Ministerpräsident an den Vorsitzenden des Bayerischen Landtages, 4.11.1958.
91 BHStA MA 93006, Verein für Vogelschutz in Bayern an das Staatsministerium des Königlichen Hauses und des Äußern, 2.8.1915, S. 2, 4.
92 Ebd., Königlich Bayerische Gesandtschaft in Berlin an das Außenministerium, 24.8.1917.
93 Vgl. Frank Uekötter, Deutschland in Grün. Eine zwiespältige Erfolgsgeschichte, Göttingen 2015, S. 39.
94 Bericht der Kommission, Juli 1912, S. 5.
95 StAL Rep. 164/21 LRA Wegscheid Nr. 5508, Jahresmitteilung des LBV vom 31.5.1959, S. 4.
96 Interview mit Einhard Bezzel am 30.7.2009.
97 Ute Hasenöhrl, Zwischen Honoratiorenverein und moderner Umweltlobby. Der Bund Naturschutz in Bayern in der Nachkriegszeit, in: Bund Naturschutz Forschung 11 (2013), S. 61–99; S. 81.
98 Edith Ebers, Neue Aufgaben der Naturschutzbewegung (Naturschutzhefte 1), München 1947, S. 3.

99 Mitteilung von Thomas Kappauf vom 23.4.2020; Arbeitsgemeinschaft Natur- und Umweltbildung, Junge Flüchtlinge erneuern die Vogelstation Regenstauf, online verfügbar unter https://umweltbildung-mit-fluechtlingen.de/projekte/news/junge-fluechtlinge-erneuern-die-vogelstation-regenstauf/ (zuletzt aufgerufen am 3.5.2020).
100 Landesbund für Vogelschutz in Bayern, LBV-Strategie 2020, Hilpoltstein 2017.

II. Krisenjahre 1914–1933

1 StAB K 350 II Nr. 4753, Gebsattel an die Regierung, Kammer der Forsten, 15.10.1914.
2 Ebd., Der Sachverständige der Staatlich autorisierten Kommission für Vogelschutz in Bayern an die Regierung Oberfranken, 9.4.1915.
3 StAM LRA 106171, Regierung von Oberbayern an das Bezirksamt Garmisch-Partenkirchen, 27.7.1915.
4 StAB K 350 II Nr. 4753, Vorsitzender des Staatlich anerkannten Ausschusses für Vogelschutz in Bayern an das Forstamt Bamberg-Ost, 31.12.1917.
5 StAL Regierung von NB Rep. 168/1 Nr. 18366, Gebsattel an die Regierung von Niederbayern, Kammer des Innern, 15.7.1915.
6 StAB K 350 II Nr. 4753, Bericht des Vogelwartes der Staatlich autorisierten Kommission für Vogelschutz in Bayern in Vertretung des K. Sachverständigen an das Forstamt Bamberg-Ost, 10.1.1916.
7 Stadtarchiv Bamberg C 2/20850, Gebsattel an den Magistrat, 15.7.1918.
8 BHStA MA 93006, Gebsattel an das Staatsministerium des Innern, 29.9.1915.
9 Ebd., Beschluss zum »Entwurf einer Verordnung über den Fang von Krammetsvögeln«, 5.7.1917.
10 Gesetz- und Verordnungsblatt für das Königreich Bayern vom 1.10.1917, S. 564.
11 StAB K 350 II Nr. 4753, Der Vorsitzende der Staatlich autorisierten Kommission – des Landesverbandes – für Vogelschutz in Bayern an die Regierung von Oberfranken, Kammer der Forsten, 23.7.1919.
12 BHStA Gesandtschaft Stuttgart 409, Sitzungsbericht der Sitzung des Staatlichen Ausschusses für Vogelschutz im Staatsministerium für Landwirtschaft am 28.3.1927, S. 9. Ähnlich Ludwig Bassermann-Jordan, Das Vorwärtsschreiten der Vogelschutzbewegung, in: Tierfreund 1 (1910/11), S. 11–13; S. 11 f.
13 StAB K 350 II Nr. 4774, Ausschnitt aus dem Staatsanzeiger Nr. 22/1921.
14 StAB G 41 Nr. A 204, Familiengeschichte v. Gebsattel, S. 51.
15 Stephan Malinowski, Vom König zum Führer. Deutscher Adel und Nationalsozialismus, Frankfurt 2004, S. 456–459.
16 Karl Escherich, Die Forstinsekten Mitteleuropas. Ein Lehr- und Handbuch. Bd. 1–3, 5, Berlin 1914/1923/1931/1942.
17 Karl Escherich, Die Flugzeugbestäubung gegen Forstschädlinge (Flugschriften der Deutschen Gesellschaft für angewandte Entomologie Nr. 12), Berlin 1929, S. 45.

18 Karl Escherich, Leben und Forschen. Kampf um eine Wissenschaft, 2. Aufl. Stuttgart 1949, S. 303.
19 Helmut Heiber, Universität unterm Hakenkreuz Teil 2 Bd. 2, München u. a. 1994, S. 211; David Clay Large, Hitlers München. Aufstieg und Fall der Hauptstadt der Bewegung, München 2003, S. 200.
20 Karl Escherich, Der deutsche Wald und die feindlichen Mächte, Hamburg o. J. (ca. 1923), S. 5.
21 Heiber, Universität Teil 2 Bd. 1, S. 282; Bd. 2, S. 212 f.
22 Universitätsarchiv der Ludwig-Maximilians-Universität München, E-II-1257, Schreiben von Karl Escherich, 27.11.1946, S. 5.
23 Escherich, Leben und Forschen.
24 StAM LRA 106171, Staatlich anerkannter Ausschuß für Vogelschutz in Bayern an das Bezirksamt Garmisch, November 1924.
25 StAB K 350 II Nr. 4774, Ausschnitt aus dem Staatsanzeiger Nr. 22/1921.
26 StAB K 3 Nr. 1489 I, Staatsministerium der Finanzen, Ministerial-Forstabteilung an das Präsidium der Regierung der Pfalz, 18.11.1910; Bericht der Kommission, Juli 1912, S. 11.
27 Einen umfassenden Überblick vermittelt seine zweibändige Personalakte im Staatsarchiv Bamberg: K 3 Nr. 1489.
28 StAM LRA 106171, Staatlich anerkannter Ausschuß für Vogelschutz in Bayern an das Bezirksamt Garmisch, November 1924.
29 BHStA Gesandtschaft Stuttgart 409, Haenel an den Bayerischen Gesandten in Stuttgart, 18.4.1926.
30 BHStA MA 100592, Staatsministerium der Finanzen an den Ausschuss für Vogelschutz in Bayern, 29.9.1925.
31 Ebd., Bericht über die Tätigkeit des Staatlich anerkannten Ausschusses für Vogelschutz in Bayern in der Zeit vom 1.4.1927 bis 31.3.1929, S. 6.
32 BHStA Gesandtschaft Stuttgart 409, Sitzungsbericht der Sitzung des Staatlichen Ausschusses für Vogelschutz im Staatsministerium für Landwirtschaft am 28.3.1927, S. 18. Als Nachweis für dessen unbezahlte Regsamkeit vgl. Stadtarchiv Bamberg C 2/20850, Kreisstelle für Vogelschutz Würzburg der Regierungsbezirke Ober-Mittel-Unterfranken und Aschaffenburg und der Pfalz, Tätigkeitsbericht 1926/27.
33 StAM LRA 106171, Staatlich anerkannter Ausschuß für Vogelschutz in Bayern an das Bezirksamt Garmisch, November 1924.
34 BHStA Gesandtschaft Stuttgart 409, Sitzungsbericht der Sitzung des Staatlichen Ausschusses für Vogelschutz im Staatsministerium für Landwirtschaft am 28.3.1927, S. 19.
35 BHStA MA 100592, Tätigkeitsbericht des Landesverbandes für Vogelschutz in Bayern, 15.11.1932, S. 5.
36 Ebd., Bericht über die Tätigkeit des Staatlich anerkannten Ausschusses für Vogelschutz in Bayern in der Zeit vom 1.4.1927 bis 31.3.1929, S. 7 (Zitat), 10.
37 BHStA Gesandtschaft Stuttgart 409, Sitzungsbericht der Sitzung des Staatlichen Ausschusses für Vogelschutz im Staatsministerium für Landwirtschaft am 28.3.1927, S. 17.

38 StAB K 350 II Nr. 4774, Der Sachverständige der Staatlich autorisierten Kommission – des Landesverbandes – für Vogelschutz in Bayern an die Regierung von Oberfranken, 2.1.1927.

39 Ebd.

40 BHStA MA 100592, Bericht über die Tätigkeit des Staatlich anerkannten Ausschusses für Vogelschutz in Bayern in der Zeit vom 1.4.1927 bis 31.3.1929, S. 10.

41 BHStA Gesandtschaft Stuttgart 409, Sitzungsbericht der Sitzung des Staatlichen Ausschusses für Vogelschutz im Staatsministerium für Landwirtschaft am 28.3.1927, S. 19.

42 BHStA MA 100592, Der Vorsitzende der Staatlich autorisierten Kommission für Vogelschutz in Bayern an das Staatsministerium für Landwirtschaft, 23.3.1921.

43 Ebd., Sachverständiger für Vogelschutz an den Vorsitzenden des Staatlich anerkannten Ausschusses für Vogelschutz in Bayern, 23.4.1921. Hervorhebung durch den Autor – F. U.

44 Ebd., Tätigkeitsbericht des Landesverbandes für Vogelschutz in Bayern vom 15.11.1932, S. 8.

45 Ebd., Landesausschuss für Naturpflege an das Staatsministerium des Innern, 3.3.1921, S. 1, 2.

46 Ebd., Sachverständiger für Vogelschutz an den Vorsitzenden des Staatlich anerkannten Ausschusses für Vogelschutz in Bayern, 23.4.1921, und Der Vorsitzende der Staatlich autorisierten Kommission für Vogelschutz in Bayern an das Staatsministerium für Landwirtschaft, 23.3.1921.

47 MGAP Altregistratur Garmisch X, 32, 25, Flugblatt IV 32 »Ueberall wirtschaftlicher Vogelschutz!«

48 BHStA MK 11728, Anleitung zur Ausübung des Vogelschutzes. Merkblatt der Weinbauversuchsstation und Schule für Wein- und Obstanbau in Neustadt, März 1908.

49 Ebd., Niederschrift über die am 29.11.1909 im Staatsministerium des Innern abgehaltene Besprechung über Vogelschutz, S. 1.

50 Ebd., S. 13.

51 Bericht der Kommission, Juli 1912, S. 11.

52 BHStA Gesandtschaft Stuttgart 409, Sitzungsbericht der Sitzung des Staatlichen Ausschusses für Vogelschutz im Staatsministerium für Landwirtschaft am 28.3.1927, S. 9.

53 StAB K 350 II Nr. 4774, Kreisstelle für Vogelschutz der Regierungsbezirke Ober-Mittel-Unterfranken und Aschaffenburg und der Pfalz, Tätigkeitsbericht für 1925, S. 2, 4.

54 Stadtarchiv Bamberg C 2/20850, Kreisstelle für Vogelschutz Würzburg der Regierungsbezirke Ober-Mittel-Unterfranken und Aschaffenburg und der Pfalz, Tätigkeitsbericht 1926/27, S. 2, 4.

55 Ebd., S. 10.

56 Stadtarchiv Bamberg, Bamberg-Sammlung T 573/4, Zeitungsbericht vom 3.12., Jahr unbekannt: »Schutzbedürftige Tiere der Heimat«.

57 LBV-Archiv Flugblatt II/32 »Wirtschaft und lästige Vogelarten« von Forstassessor Krembs, Vogelwarte Garmisch. Hervorhebung im Original.
58 Ebd.
59 BHStA MA 100592, Bericht über die Tätigkeit des Staatlich anerkannten Ausschusses für Vogelschutz in Bayern in der Zeit vom 1.4.1927 bis 31.3.1929, S. 2, und Tätigkeitsbericht des Landesverbandes für Vogelschutz in Bayern vom 15.11.1932, S. 2.
60 BHStA Gesandtschaft Stuttgart 409, Sitzungsbericht der Sitzung des Staatlichen Ausschusses für Vogelschutz im Staatsministerium für Landwirtschaft am 28.3.1927, S. 3.
61 Escherich, Leben und Forschen, S. 261.
62 Ebd., S. 261, 262.
63 LBV-Archiv Flugblatt XI/1931 »Wirtschaftlicher Vogelschutz auf dem Bauernhof«.
64 BHStA MA 100592, Bericht über die Tätigkeit des Staatlich anerkannten Ausschusses für Vogelschutz in Bayern in der Zeit vom 1.4.1927 bis 31.3.1929, S. 3.
65 BHStA MK 11728, Niederschrift über die am 29.11.1909 im Staatsministerium des Innern abgehaltene Besprechung über Vogelschutz, S. 1.
66 Ebd., Verein für Vogelschutz in Bayern an das Staatsministerium des Innern, 29.3.1909.
67 BHStA MK 11729, Gebsattel an das Staatsministerium des Innern für Kirchen- und Schulangelegenheiten, 12.10.1910.
68 Ebd., Gebsattel an das Ministerium des Innern für Kirchen- und Schulangelegenheiten, 7.1.1913, S. 1.
69 StAL Regierung von NB Rep. 168/1 Nr. 18367, Staatsministerium für Unterricht und Kultus an die Regierung von Niederbayern, 19.2.1931.
70 BHStA MA 100592, Bericht über die Tätigkeit des Staatlich anerkannten Ausschusses für Vogelschutz in Bayern in der Zeit vom 1.4.1927 bis 31.3.1929, S. 4; StAB K 350 II Nr. 4774, Kreisstelle für Vogelschutz der Regierungsbezirke Ober-Mittel-Unterfranken und Aschaffenburg und der Pfalz, Tätigkeitsbericht für 1925, S. 5.
71 StAL Regierung von NB Rep. 168/1 Nr. 18366, Vorstand des Bezirksamts Straubing an das Präsidium der Regierung von Niederbayern, 21.12.1912.
72 BHStA MA 100592, Tätigkeitsbericht des Landesverbandes für Vogelschutz in Bayern, 15.11.1932, S. 5.
73 StAM LRA 62537, Staatlich anerkannter Ausschuß für Vogelschutz an die Bezirksämter, 17.11.1937.
74 BHStA MK 11729, Gebsattel an das Staatsministerium des Innern für Kirchen- und Schulangelegenheiten, 10.10.1910.
75 Ebd., Gebsattel an Eugen von Knilling, 8.3.1912.
76 Bericht der Kommission, Juli 1912, S. 15.
77 BHStA MK 11729, Gebsattel an das Staatsministerium des Innern für Kirchen- und Schulangelegenheiten, 7.2.1912, S. 2.
78 BHStA MA 100592, Sonderabdruck aus dem Bayerischen Staatsanzeiger Nr. 53 vom 5.3.1921.

79 BHStA Gesandtschaft Stuttgart 409, Sitzungsbericht der Sitzung des Staatlichen Ausschusses für Vogelschutz im Staatsministerium für Landwirtschaft am 28.3.1927, S. 5.
80 BHStA MK 11729, Gebsattel an Eugen von Knilling, 8.3.1912, S. 2.
81 BHStA MA 100592, Tätigkeitsbericht des Landesverbandes für Vogelschutz in Bayern, 15.11.1932, S. 5.
82 Ein Sanatorium für Luftikusse. Zeitungsbericht vom 11.2.1934, verfügbar in der Zeitungsausschnittsammlung des Marktarchivs Garmisch-Partenkirchen.
83 MGAP Altregistratur Garmisch X, 32, 25, Dr. K. Haenel, Vortrag in Oxford am 6.7.1934, S. 1.
84 BHStA MK 11728, Niederschrift über die am 29.11.1909 im Staatsministerium des Innern abgehaltene Besprechung über Vogelschutz, S. 17.
85 Ebd., S. 5.
86 BHStA MA 100592, Tätigkeitsbericht des Landesverbandes für Vogelschutz in Bayern, 15.11.1932, S. 1.
87 BHStA MK 40508, Der Bayerische Landessachverständige für Vogelschutz an den I. Vorsitzenden des Staatlich anerkannten Ausschusses für Vogelschutz in Bayern, 4.3.1939, S. 1.
88 MGAP Altregistratur Garmisch X, 32, 2, Beschluss des Marktgemeinderats vom 7.1.1911; ebd. Nr. 25, Beschluss des Marktgemeinderats vom 23.6.1930.
89 MGAP Altregistratur Markt Partenkirchen Nr. 534, Landessachverständiger für Vogelschutz an den Marktgemeinderat Partenkirchen, 8.1.1934.
90 MGAP Altregistratur Garmisch X, 32, 25, Vermerk des Werbeausschusses Garmisch, November 1930, S. 3.
91 Ebd., Marktgemeinderat Garmisch an die Ministerial-Forstabteilung im Staatsministerium des Innern, 10.2.1931, S. 1.
92 Ebd., S. 2 sowie Schreiben des Marktgemeinderats Garmisch vom 21.3.1931.
93 BHStA MK 40508, Der Bayerische Landessachverständige für Vogelschutz an den I. Vorsitzenden des Staatlich anerkannten Ausschusses für Vogelschutz in Bayern, 4.3.1939.
94 BHStA MA 100592, Tätigkeitsbericht des Landesverbandes für Vogelschutz in Bayern, 15.11.1932, S. 2.
95 Ebd., S. 8.
96 Ebd., S. 5 f.
97 Ebd., S. 8.
98 MGAP Altregistratur Garmisch X, 32, 25, Marktgemeinderat Garmisch an die Ministerial-Forstabteilung im Staatsministerium des Innern, 10.2.1931, S. 2.
99 Die Vorgänge sind umfassend dokumentiert in StAM LRA 62538. Zitat aus einem Zeitungsartikel vom 22.4.1932.
100 StAM LRA 62538, Artikel aus dem Garmisch-Partenkirchener Tagblatt Nr. 267 vom 18.11.1932.

101 MGAP Altregistratur Garmisch X, 32, 25, August Vogel an den 1. Bürgermeister Josef Thoma, 10.6.1933.
102 Ebd., Beschlüsse des Marktgemeinderates Garmisch vom 21.8.1933 und 20.10.1933.
103 Ebd., Vogelschutz-Pressedienst Garmisch, Mai 1933.
104 Frank Uekötter, 100 Jahre Bund Naturschutz in Bayern. Fragen an eine bewegte Geschichte, in: Bund Naturschutz Forschung 11 (2013), S. 7–19; S. 8.
105 StAM LRA 62537, Staatlich anerkannter Ausschuß für Vogelschutz an die Bezirksämter, 25.1.1938, S. 2.
106 Vgl. Frank Uekötter, The Green and the Brown. A History of Conservation in Nazi Germany, New York 2006.
107 Uekötter, 100 Jahre Bund Naturschutz in Bayern, S. 10.
108 Richard Hölzl, Naturschutz in Bayern zwischen Staat und Zivilgesellschaft. Vom liberalen Aufbruch bis zur Eingliederung in das NS-Regime, 1913–1945, in: Bund Naturschutz Forschung 11 (2013), S. 21–60; S. 54 f.

III. Im Schatten des Nationalsozialismus 1933–1959

1 Dazu ausführlich Uekötter, The Green and the Brown, sowie ders., Green Nazis? Reassessing the Environmental History of Nazi Germany, in: German Studies Review 30 (2007), S. 267–287.
2 Sämtliche Zitate aus BHStA StK 6563, Bayerische Politische Polizei an die Staatskanzlei des Freistaats Bayern, 27.4.1934, S. 1.
3 Konrad H. Jarausch, The Unfree Professions. German Lawyers, Teachers, and Engineers, 1900–1950, New York und Oxford 1990, S. 101.
4 Die Überprüfung erfolgte anhand der Unterlagen des ehemaligen Berlin Document Center im Bundesarchiv Berlin. Die Mitgliedsnummern lauten 3288396 (Haenel), 3288267 (Krembs), 3288427 (Kreutz).
5 Bundesarchiv Berlin PK/Parteikorrespondenz Lesefilm-Nr. G 273 Bild-Nr. 2869, Gauleitung München-Oberbayern der NSDAP, Personalamt/Politische Beurteilungen, 8.2.1938.
6 Ebd., NSDAP Gau München-Oberbayern, Kreispersonalamt Pfaffenhofen an der Ilm an das Gaupersonalamt München, 10.8.1936.
7 BHStA MK 40508, Niederschrift über den Tagungsablauf der Arbeitsgemeinschaft der Staatlich anerkannten Vogelschutzwarten Deutschlands am 18. und 19.6.1938 in Garmisch, 3.12.1938, S. 6.
8 Ebd., S. 3.
9 Anna-Katharina Wöbse, Lina Hähnle und der Reichsbund für Vogelschutz. Soziale Bewegung im Gleichschritt, in: Joachim Radkau, Frank Uekötter (Hg.), Naturschutz und Nationalsozialismus, Frankfurt und New York 2003, S. 309–328; S. 321; BHStA MK 40508, Niederschrift über den Tagungsablauf der Arbeitsgemeinschaft der Staatlich anerkannten Vogelschutzwarten Deutschlands am 18. und 19.6.1938 in Garmisch, 3.12.1938, S. 1.
10 Bezeichnenderweise werden Vögel nur ganz am Rande thematisiert in Jan Mohnhaupt, Tiere im Nationalsozialismus, München 2020.

11 Vgl. dazu Willi Oberkrome, »Deutsche Heimat.« Nationale Konzeption und regionale Praxis von Naturschutz, Landschaftsgestaltung und Kulturpolitik in Westfalen-Lippe und Thüringen (1900–1960), Paderborn 2004.

12 BHStA MK 40508, Mitteilung des Vogelschutzpressedienstes Garmisch vom Februar 1935, S. 1.

13 Ebd., Organisations- und Propagandaleiter des Staatlich anerkannten Ausschusses für Vogelschutz an das Staatsministerium, 22.11.1937.

14 Ebd., Der Erste Vorsitzende des Staatlich anerkannten Ausschusses für Vogelschutz in Bayern an das Staatsministerium für Unterricht und Kultus, 3.6.1936.

15 StAM LRA 62537, Haenel an das Bezirksamt, 24.7.1936.

16 BHStA MK 40508, Der Bayerische Landesbauernführer an das Staatsministerium für Unterricht und Kultus, 11.4.1935.

17 Ebd., Staatsministerium für Wirtschaft an die Landesbauernschaft Bayern, 9.8.1935.

18 Ebd., Staatsministerium des Innern an das Staatsministerium für Wirtschaft, Abteilung für Landwirtschaft, 13.12.1935.

19 StAM LRA 62537, Staatlich anerkannter Ausschuß für Vogelschutz an den Landrat, Januar 1939.

20 Wöbse, Lina Hähnle, S. 316, 324–326.

21 BHStA MK 40508, Staatsministerium für Wirtschaft an die Landesbauernschaft Bayern, 9.8.1935.

22 Ebd., Der Erste Vorsitzende des Staatlich anerkannten Ausschusses für Vogelschutz in Bayern an das Bayerische Staatsministerium für Unterricht und Kultus, 10.10.1941 (Zitat), und Staatsministerium für Unterricht und Kultus an die Bayerische Landeshauptkasse, 13.5.1941 und 24.4.1942.

23 Otto Henze, Der landwirtschaftliche Vogelschutz in Bayern, in: Pflanzenschutz Jg. 1 Nr. 3 (1949), S. 31–32; S. 31.

24 StAM LRA 62537, Staatlich anerkannter Ausschuß für Vogelschutz an die Bezirksämter, 25.1.1938, S. 2.

25 BHStA MK 40508, Tätigkeitsbericht vom 24.2.1939, S. 5.

26 MGAP Ordnungsamt 114, Staatlich anerkannter Ausschuss für Vogelschutz an das Bezirksamt Garmisch-Partenkirchen, 15.7.1938.

27 BHStA MK 40508, Tätigkeitsbericht vom 24.2.1939, S. 5 f.

28 BHStA MK 11729, Gebsattel an das Kultusministerium, 10.2.1911; BHStA MK 40508, Neblich an das Staatsministerium für Unterricht und Kultus, 25.11.1935.

29 Bundesarchiv Berlin DS/Reichsstatthalter in Bayern 8230002501, Lesefilm-Nr. B 65 Bild-Nr. 528–529.

30 Biographische Informationen aus Gustav Wellenstein, Zum 65. Geburtstag von Dr. Otto Henze, in: Allgemeine Forstzeitschrift 28 (1973), S. 512. Zur Stuttgarter Vogelschutzwarte siehe Klaus Ruge, Peter Havelka, Reinhard Wolf, 50 Jahre Staatliche Vogelschutzwarte Baden-Württemberg. Ihre Geschichte, ihre Aufgaben und ihre Arbeit, Karlsruhe 1989.

31 StAB K 350 II Nr. 4775, Die Landesforstverwaltung an die Regierungsforstämter, 3.4.1939.

32 BHStA Landesanstalt für Bodenkultur und Pflanzenbau (im Folgenden LBP) 336, Niederschrift über die Übergabe der Leitung der Vogelschutzwarte in Garmisch-Partenkirchen am 2.2.1959, S. 1; BHStA LBP 335, Artikel der Süddeutschen Zeitung vom 28.9.1955 und der Hofer Frankenpost vom 21.6.1955.
33 Bundesarchiv Berlin DS/Reichsstatthalter in Bayern Lesefilm-Nr. B 77 Bild-Nr. 2277 und Lesefilm-Nr. G 0283 Bild-Nr. 1055.
34 StAL LRA Viechtach 2021, Staatlich anerkannter Ausschuß für Vogelschutz in Bayern an den Kreistag, 1.3.1940.
35 StAB K 350 II Nr. 4753, Landesforstverwaltung an die Regierungsforstämter, 28.9.1943.
36 Ebd., Schreiben vom 24.3.1944; Stadtarchiv Bamberg C 2/20850, Staatliche Vogelschutzwarte Garmisch-Partenkirchen an den Oberbürgermeister von Bamberg, 20.2.1945.
37 BHStA MK 11729, Bericht über den Vogelschutztag in Hamburg in Anlage zu Gebsattel an das Staatsministerium, S. 1.
38 BHStA Gesandtschaft Stuttgart 409, Sitzungsbericht der Sitzung des Staatlichen Ausschusses für Vogelschutz im Staatsministerium für Landwirtschaft am 28.3.1927, S. 15.
39 Vgl. die Vorgänge in Stadtarchiv Bamberg C 2/20850.
40 BHStA MA 100592, Bericht über die Tätigkeit des Staatlich anerkannten Ausschusses für Vogelschutz in Bayern in der Zeit vom 1.4.1927 bis 31.3.1929, S. 6.
41 StAM LRA 106171, Regierung von Oberbayern an die Bezirksverwaltungsbehörden, 2.4.1928.
42 Interview mit Einhard Bezzel am 30.7.2009.
43 LBV Mitteilungsblatt 1/1971, S. 7.
44 Umfassend zu Wenglein und seinem Weltbund Johannes Mehl, Carl Wenglein, der Weltbund und Schwabach als Zentrum des Naturschutzes. Ein Beitrag zur Geschichte des Naturschutzes 1920–1935, Schwabach 2001.
45 Stadtarchiv Bamberg C 2/20850, Flugblatt des Bayerischen Landessachverständigen für Vogelschutz an die Bürgermeister der Städte und Gemeinden Bayerns, November 1931; BHStA MA 100592, Tätigkeitsbericht des Landesverbandes für Vogelschutz in Bayern, 15.11.1932, S. 8.
46 BHStA MA 100592, Tätigkeitsbericht des Landesverbandes für Vogelschutz in Bayern, 15.11.1932, S. 6.
47 MGAP Altregistratur Garmisch X, 32, 2, Weltbund der Natur- und Vogelfreunde (Wenglein-Bund) an den Marktgemeinderat Garmisch, 5.2.1932.
48 Ebd., Schreiben des Bayerischen Landessachverständigen für Vogelschutz, 10.2.1932. Der Gemeinderat beschloss daraufhin am 11. Februar 1932, die Vollmacht nicht auszustellen.
49 StAB K 350 II Nr. 4775, Forst- und Domänenamt an die Regierung von Oberfranken und Mittelfranken, 26.1.1933.
50 BHStA LBP 336, Bericht der Kommission zur Überprüfung der Tätigkeit des Vorstandes in der Jahresmitteilung 1959, S. 2.

51 StAL Rep. 164/21 LRA Wegscheid Nr. 5508, Staatliche Vogelschutzwarte Garmisch-Partenkirchen an den Landrat in Wegscheid, 10.9.1952.
52 Zeitungsausschnittsammlung MGAP, Münchner Merkur vom 3.1.1958.
53 BHStA LBP 335, Artikel der Hofer Frankenpost vom 21.6.1955. Einschlägig auch Otto Henze, Eine Million Hausspatzen zuviel! in: Anzeiger für Schädlingsbekämpfung 25 (1953), S. 19–21.
54 BHStA LBP 335, Münchner Merkur vom 23./24.11.1957.
55 Zeitungsausschnittsammlung MGAP, Münchner Merkur vom 3.1.1958.
56 BHStA LBP 334, Vertrag vom 7.12.1955.
57 BHStA LBP 2905, Landesbund für Vogelschutz in Bayern an das Bayerische Staatsministerium für Ernährung, Landwirtschaft und Forsten, 20.2.1958.
58 BHStA LBP 334, Bayerisches Staatsministerium für Ernährung, Landwirtschaft und Forsten an die Landesanstalt für Pflanzenbau und Pflanzenschutz München und die Staatliche Vogelschutzwarte Garmisch-Partenkirchen, 10.3.1956.
59 Zeitungsausschnittsammlung MGAP, Münchner Merkur vom 3.1.1958.
60 BHStA LBP 335, Süddeutsche Zeitung vom 24.4.1958.
61 BHStA LBP 2905, Landesbund für Vogelschutz in Bayern an das Bayerische Staatsministerium für Ernährung, Landwirtschaft und Forsten, 9.3.1959, S. 2.
62 Ebd., Landesbund für Vogelschutz in Bayern an das Bayerische Staatsministerium für Ernährung, Landwirtschaft und Forsten, 19.10.1958, S. 2.
63 BHStA LBP 336, Lampl an das Bayerische Staatsministerium für Ernährung, Landwirtschaft und Forsten, 6.2.1957.
64 Ebd., Landbauamt Weilheim an das Staatsministerium für Ernährung, Landwirtschaft und Forsten, 22.3.1956, und Landesanstalt an das Staatsministerium, 6.3.1958.
65 Ebd., Niederschrift über die Übergabe der Leitung der Vogelschutzwarte in Garmisch-Partenkirchen am 2.2.1959, S. 1.
66 Ebd., Lampl an das Bayerische Staatsministerium für Ernährung, Landwirtschaft und Forsten, 6.2.1957, S. 2.
67 Ebd., Dürrwaechter an Lampl, 30.10.1957.
68 BHStA LBP 335, Münchner Merkur vom 7./8.2.1959.
69 BHStA LBP 336, Der Bayerische Staatsminister für Ernährung, Landwirtschaft und Forsten an die Landesanstalt für Pflanzenbau und Pflanzenschutz, 31.1.1959, S. 2, und BHStA LBP 335, Münchner Merkur vom 3.2.1959, S. 5.
70 Zeitungsausschnittsammlung MGAP, Münchner Merkur vom 8.7.1959, S. 6.
71 BHStA LBP 335, Münchner Merkur vom 3.2.1959, S. 5 und Süddeutsche Zeitung vom 3.2.1959.
72 BHStA LBP 336, Der Bayerische Staatsminister für Ernährung, Landwirtschaft und Forsten an die Landesanstalt für Pflanzenbau und Pflanzenschutz, 19.1.1959 und 31.1.1959.

73 BHStA LBP 335, Süddeutsche Zeitung vom 3.2.1959.
74 BHStA LBP 336, Bericht der Kommission zur Überprüfung der Tätigkeit des Vorstandes in der Jahresmitteilung 1959, S. 2f.
75 Ebd., S. 3.
76 Ebd., S. 2.
77 Ebd., S. 3.
78 BHStA LBP 336, Landesanstalt für Pflanzenbau und Pflanzenschutz an das Staatsministerium für Ernährung, Landwirtschaft und Forsten, 23.1.1959.
79 Ebd., Henze an Hundhammer, 29.1.1959, S. 2f.
80 Ebd., Bericht der Kommission zur Überprüfung der Tätigkeit des Vorstandes in der Jahresmitteilung 1959, S. 2.
81 BHStA LBP 335, Münchner Merkur vom 20.4.1959.
82 BHStA LBP 336, Staatsministerium für Ernährung, Landwirtschaft und Forsten an den Landesbund für Vogelschutz in Bayern, 22.1.1959.
83 Vgl. die Briefe in StAB K 350 III Nr. 6343 und 6344.
84 StAL Rep. 164/21 LRA Wegscheid Nr. 5508, Jahresmitteilung des LBV vom 31.5.1959, S. 4.
85 BHStA LBP 335, Münchner Merkur und Süddeutsche Zeitung vom 20.4.1959.
86 Ebd., Süddeutsche Zeitung vom 20.4.1959.
87 Zeitungsausschnittsammlung MGAP, Münchner Merkur vom 8.7.1959, S. 6.
88 Herbert Brandt, Die Staatliche Vogelschutzwarte in Garmisch-Partenkirchen, ihre Aufgaben und Ziele, in: Pflanzenschutz 11 (1959), S. 67–69; S. 67.
89 BHStA LBP 334, Vogelschutz Nr. 2 (1959), S. 7.
90 Zum Wandel des politischen Verhaltensstils vgl. Jens Ivo Engels, Naturpolitik in der Bundesrepublik. Ideenwelt und politische Verhaltensstile in Naturschutz und Umweltbewegung 1950–1980, Paderborn 2006.
91 Ute Hasenöhrl, Zivilgesellschaft und Protest. Eine Geschichte der Naturschutz- und Umweltbewegung in Bayern 1945–1980, Göttingen 2011, S. 109f.
92 Zur Großen Beschleunigung vgl. John R. McNeill, Peter Engelke, The Great Acceleration. An Environmental History of the Anthropocene since 1945, Cambridge, Mass. 2014.

IV. Von der Neuorientierung zum Boom 1959–1990

1 Otto Henze, Vogelschutz gegen Insektenschaden in der Forstwirtschaft, München 1943, S. 31.
2 StAL Rep. 164/21 LRA Wegscheid Nr. 5508, Satzung des LBV vom 11.11.1956.
3 Ebd., Vogelschutzwarte Garmisch-Partenkirchen an das Landratsamt Wegscheid, 1.11.1956.

4 BHStA LBP 336, Dürrwaechter an Henze, 14.4.1956, S. 2.
5 BHStA LBP 336, Henze an Hundhammer, 29.1.1959, S. 3 und BHStA LBP 335, Münchner Merkur vom 3.2.1959, S. 5.
6 Brandt, Staatliche Vogelschutzwarte, S. 67, 69.
7 BHStA LBP 334, Schreiben der Abteilung Pflanzenschutz an die Verwaltung im Hause, 30.10.1958.
8 Staatsarchiv Würzburg Landwirtschaftsamt Schweinfurt Nr. 11, Landesbund für Vogelschutz in Bayern an die Vorstände der Landwirtschaftsämter, 26. April 1963.
9 LBV Mitteilungsblatt 1/1971, S. 8.
10 Henze, Der landwirtschaftliche Vogelschutz in Bayern, S. 31.
11 Otto Henze, Der Vogelschutz, wie er sich uns heute darstellt, in: Anzeiger für Schädlingsbekämpfung 26 (1953), S. 59–61; S. 60.
12 Otto Henze, Raubvögel hin – Greifvögel her, in: Die Pirsch 17 (1965), S. 458–463; S. 462.
13 Ulrich Brüll, Der Sperber in der Landschaft. Ein offener Brief an Herrn Oberforstmeister Dr. Henze, in: Die Pirsch 17 (1965), S. 884, 886; S. 884.
14 Otto Henze, Der Sperber in der Forstwirtschaft. Antwort an Herrn Dr. Brüll, in: Die Pirsch 17 (1965), S. 1241–1242; S. 1241.
15 LBV Mitteilungsblatt 2/1971, S. 4.
16 Otto Henze, Günther Zimmermann, Gefiederte Freunde in Garten und Wald. Beobachten, Erkennen, Schützen, München 1964.
17 Anzeiger der Ornithologischen Gesellschaft in Bayern 7 (1964), S. 357.
18 LBV-Archiv Satzung des Landesbundes für Vogelschutz in Bayern e. V. vom 7.3.1965, S. 6.
19 Interview mit Einhard Bezzel am 30.7.2009.
20 BHStA LBP 336, Bericht der Kommission zur Überprüfung der Tätigkeit des Vorstands in der Jahresmitteilung 1959, S. 2; LBV Mitteilungsblatt 1/1970, S. 10.
21 Einhard Bezzel, Das aktuelle Vogelschutzproblem: Das Sterben der Moore geht weiter, in: LBV Mitteilungsblatt 2/1972, S. 13–15; Helmut Ranftl, Biotopverbesserung – eine wichtige Aufgabe des Vogelschutzes, in: LBV Mitteilungsblatt 1/1972, S. 4–7; Zitat S. 4.
22 Ranftl, Biotopverbesserung, S. 4.
23 Stefan Zeilinger, Wettfahrt auf der Schiene. Die Entwicklung von Hochgeschwindigkeitszügen im europäischen Vergleich, Frankfurt und New York 2003, S. 161.
24 LBV Mitteilungsblatt 3/1973, S. 19.
25 LBV Mitteilungsblatt 3/1973, S. 18; ebd. 4/1975, S. 28.
26 LBV Mitteilungsblatt 1/1972, S. 8 f.
27 LBV Mitteilungsblatt 4/1975, S. 28, LBV Mitteilungsblatt 1/1978, S. 2.
28 Vogelschutz Heft 3 (1998), S. 21.
29 LBV Mitteilungsblatt 4/1972, S. 30.
30 Uwe Bauer, Zur Aktion »Rettet die Vögel«: Ein Jahr Management für ein bayerisches Niedermoor, in: LBV Mitteilungsblatt 3/1977, S. 28–31.

31 Ludwig Sothmann, Für eine halbe Million Schutzgebiete gekauft, in: Vogelschutz Heft 2 (Juni 1980), S. 3–4; S. 3.
32 Ludwig Sothmann, Der Ochsensitz ist gekauft, in: Vogelschutz Heft 4 (Dezember 1980), S. 28.
33 Uwe Bauer, Unser Projekt »Gundelfinger Moos« – drei Jahre Schutzbemühungen um ein bayerisches Niedermoor, in: Vogelschutz Heft 4 (Dezember 1979), S. 5–9; S. 6–8.
34 Heribert Zintl, ... Laßt uns dann bitte auf der Insel allein! Erfolgreiche Bewachung der Flußseeschwalben-Kolonie bei Wolfratshausen, in: LBV Mitteilungsblatt 4/1971, S. 3–4.
35 Einhard Bezzel, Das aktuelle Vogelschutzproblem: Kesseltreiben auf geschonte Vogelarten, in: LBV Mitteilungsblatt 3/1972, S. 22–23; S. 23.
36 Einhard Bezzel, Das fiel uns auf: »Mordgieriger« Habicht, in: LBV Mitteilungsblatt 1/1977, S. 6.
37 Einhard Bezzel, 11 Millionen Menschen – 2000 Graureiher: Hat Bayerns Tierwelt noch eine Chance? in: Vogelschutz Heft 1 (Februar 1987), S. 25–29; S. 25.
38 Interview mit Einhard Bezzel am 30.7.2009.
39 Helmut Kornführer, Das aktuelle Vogelschutzproblem: Katzenhaltung und Vogelschutz, in: LBV Mitteilungsblatt 1/1975, S. 2.
40 Rudolf Berndt u. a., Neue Stellungnahmen zur Frage des Vogelmordes in Italien, in: LBV Mitteilungsblatt 4/1977, S. 39–41; S. 41.
41 Siegfried Woldhek, Vogeljagd – ein grausames Relikt, in: Vogelschutz Heft 1 (Januar 1984), S. 13–16; S. 16.
42 Karin Hutter, Vogeljagd in Griechenland – ein Kriegsbericht, in: Vogelschutz Heft 3 (September 1985), S. 11.
43 Franz Leibl, Italienische Verhältnisse in Bayerischen Weinbergen? in: Vogelschutz Heft 3 (September 1984), S. 3–4.
44 Einhard Bezzel, Das aktuelle Vogelschutzproblem: Schwalbenkatastrophe 1974, in: LBV Mitteilungsblatt 4/1974, S. 55–59. Zitat S. 56.
45 LBV Mitteilungsblatt 1/1970, S. 7–9.
46 Vgl. BHStA LBP 2905, Trotha an Abteilung E, 10.2.1975 und Trotha an Eisenmann, 30.5.1975.
47 Hans Eisenmann, Die Landwirtschaft braucht den Vogelschutz, in: Vogelschutz Heft 4 (Dezember 1978), S. 3–5; S. 4.
48 LBV-Archiv Ordner »Landesbd. Abschluß 1981«, Abschluß GAP 1981.
49 Interview mit Einhard Bezzel am 30.7.2009.
50 Bezzel, Kesseltreiben.
51 Helmut Ranftl, So geht's nicht..., in: LBV Mitteilungsblatt 2/1973, S. 15.
52 Einhard Bezzel, Das aktuelle Vogelschutzproblem: Vogelschutz – Jagd – Fischerei, in: LBV Mitteilungsblatt 3/1974, S. 49–51.
53 Interview mit Einhard Bezzel am 30.7.2009.
54 LBV Mitteilungsblatt 2/1972, S. 12.
55 Bauer, Unser Projekt »Gundelfinger Moos«, S. 5f.
56 Zu Reinsch vgl. Ludwig Sothmann, Alfred Reinsch zum 85. Geburtstag, in: Ornithologischer Anzeiger 45 (2006), S. 73–75.

57 Interview mit Ludwig Sothmann am 16.9.2009.
58 Blätter für Natur und Umwelt Jg. 54 Heft 3 (Juli 1974), S. 85 und Jg. 56 Heft 3 (Juli 1976), zweite Umschlagseite. Vgl. auch das Interview mit Sothmann in Fluhr-Meyer u. a., NaturschutzGeschichte(n) Band II, S. 78–82.
59 Interview mit Ludwig Sothmann im alpha-forum des Bayerischen Rundfunks, Sendung vom 13.1.2006, 20:15 Uhr, S. 3 des Transkripts.
60 Hubert Weinzierl, Zwischen Hühnerstall und Reichstag. Erinnerungen, Regensburg 2008, S. 86.
61 Gruppe Ökologie, Ökologisches Manifest, in: Blätter für Natur und Umweltschutz Jg. 52 Heft 4 (Oktober 1972), S. 92–93.
62 Interview mit Ludwig Sothmann am 16.9.2009.
63 LBV Mitteilungsblatt 4/1977, S. 39.
64 LBV Mitteilungsblatt 1/1978, S. 2.
65 BHStA Archivalien-Zugangs-Verzeichnis Nr. 35/2000, Lfd. Nr. 84 Aktenzeichen 3785, Eisenmann an Sothmann, 16.7.1979.
66 Vogelschutz Heft 4 (Dezember 1978), S. 8.
67 Ludwig Sothmann, Zweck und Aufgabe des Landesbundes, in: LBV Mitteilungsblatt 1/1978, S. 5–7; S. 6.
68 Ebd.
69 Ebd., S. 7.
70 Vogelschutz Heft 4 (Dezember 1978), S. 2
71 Ebd.
72 Sothmann, Zweck, S. 7.
73 Vogelschutz Heft 4 (Dezember 1978), S. 2.
74 Vogelschutz Heft 4 (Dezember 1982), S. 17.
75 Ebd.
76 LBV-Archiv Ordner »14a Coburg«, Schreiben vom 22.3.1984; Vogelschutz Heft 2 (Mai 1988), S. 25.
77 Vogelschutz Heft 3 (September 1979), S. 2.
78 Interview mit Ludwig Sothmann am 16.9.2009.
79 Landesbund für Vogelschutz in Bayern, Jahresbericht 2019, S. 28.
80 Interview mit Gerhard Koller am 16.4.2020.
81 Vogelschutz Heft 4 (Dezember 1982), S. 17.
82 Vogelschutz Heft 1 (Januar 1985), S. 25.
83 Ebd.
84 LBV-Archiv Satzung des Landesbundes für Vogelschutz in Bayern vom 12.11.1977, § 2.
85 Ludwig Sothmann, Aus der Geschichte des LBV, in: Vogelschutz Heft 1 (1989), S. 4–5.
86 Vogelschutz Heft 4 (Dezember 1978), S. 3.
87 Vogelschutz Heft 1 (März 1981), S. 36.
88 Vogelschutz Heft 3 (September 1981), S. 3.
89 Interview mit Einhard Bezzel am 30.7.2009.
90 Sothmann, Zweck, S. 5.
91 Rede des 1. Vorsitzenden anläßlich der Landestagung, in: Vogelschutz Heft 4 (Dezember 1978), S. 9–12; S. 11.

92 LBV-Archiv Ordner »Landkreis Oberallgäu«, Biotopschutzgruppe Oberallgäu im Landesbund für Vogelschutz, Arbeitsbericht 1984, S. 1.
93 Ebd., S. 3. Hervorhebungen im Original.
94 LBV-Archiv Ordner »Landkreis Oberallgäu«, Biotopschutzgruppe Oberallgäu im Landesbund für Vogelschutz, Arbeitsbericht 1985, S. 5.
95 Ebd., S. 1.
96 Ebd., S. 6.
97 LBV-Archiv Ordner »Bayreuth«, Vogelschutz-Report. Kreisgruppe Bayreuth, Landesbund für Vogelschutz in Bayern, Jahresbericht 1987, S. 1, 4, 6.
98 Ebd., S. 1.
99 LBV-Archiv Ordner »Deggendorf«, Landesbund für Vogelschutz, Kreisgruppe Deggendorf, Rundschreiben an alle Mitglieder und Freunde der Kreisgruppe, Februar 1986, S. 3.
100 Martin Hutter, Ohne gesellschaftswissenschaftliche Grundlagenforschung kommt der Naturschutz nicht mehr aus, in: Vogelschutz Heft 3 (September 1980), S. 11–12; S. 12.
101 LBV-Archiv Ordner »27a Fürstenfeldbruck«, Schreiben an den Landesbund vom 19.1.1982.
102 Ebd., Presseinformation, LBV-Kreisgruppe Fürstenfeldbruck, 17.2.1985.
103 Ebd., Schreiben an Dr. Eicke Götz MdB vom 26.7.1984 und an Bundeskanzler Dr. Fred Sinowatz vom 19.6.1984.
104 Vogelschutz Heft 3 (September 1984), S. 15.
105 LBV-Archiv Ordner »27a Fürstenfeldbruck«, Presseinformation, LBV-Kreisgruppe Fürstenfeldbruck, 12.3.1985.
106 Ebd., Formschreiben für Neumitglieder, ca. 1985.
107 Die Vorgänge finden sich im LBV-Archiv Ordner »65a Regensburg«.
108 LBV-Archiv Ordner »Aschaffenburg«, Landesverband für Vogelschutz in Bayern, Kreisgruppe Aschaffenburg-Miltenberg, Gründungsdokument des Förderkreises Biotopschutz vom 20.12.1981.
109 LBV-Archiv Ordner »14a Coburg«, Ornithologische Arbeitsgemeinschaft Coburg an den Landesbund für Vogelschutz in Bayern, 22.12.1981 und Satzung der Ornithologischen Arbeitsgemeinschaft Coburg vom 5.2.1983.
110 Ebd., Arbeitskreis Ökologie Coburg im Bund Naturschutz an den Landesbund für Vogelschutz, 31.8.1981.
111 LBV-Archiv, Landesbund für Vogelschutz in Bayern, Kreisgruppe Augsburg, Mitteilung für die Presse, November 1975.
112 LBV-Archiv Ordner Bayreuth, Flugblatt des Landesbundes für Vogelschutz LBV, Kreisgruppe Bayreuth, Anfang 1989.
113 LBV-Archiv Ordner »Deggendorf«, Landesbund für Vogelschutz, Kreisgruppe Deggendorf, Rundschreiben an alle Mitglieder und Freunde der Kreisgruppe, Februar 1986, S. 3.
114 LBV-Archiv Ordner »65a Regensburg«, Schreiben an den Landesbund für Vogelschutz in Bayern vom 4.6.1984.
115 Ludwig Sothmann, Keine »Flammende Donau« – ein Sieg für den Artenschutz, in: Vogelschutz Heft 3 (September 1987), S. 8–9.

116 Vogelschutz Heft 1 (Januar 1985), S. 3.

117 Hubert Schug, Biotopneuschaffung – Bilanz nach 4 Jahren, in: Vogelschutz Heft 3 (September 1985), S. 12–14.

118 Vogelschutz Heft 2 (April 1985), S. 31, Vogelschutz Heft 4 (Dezember 1984), S. 32 (Zitat).

119 LBV-Archiv Ordner »14a Coburg«, Schreiben von Ludwig Sothmann vom 30.1.1984, S. 2.

120 LBV-Archiv Ordner »Landkreis Oberallgäu«, Biotopschutzgruppe Oberallgäu im Landesbund für Vogelschutz, Arbeitsbericht 1985, S. 5.

121 Vogelschutz Heft 4 (Dezember 1983), S. 26.

122 Heinrich Greiner, Hermann Wagner, Erste Erfahrungen mit dem Wiesenbrüterprogramm, in: Vogelschutz Heft 3 (September 1984), S. 9–12.

123 Vogelschutz Heft 1 (März 1983), S. 22.

124 LBV-Archiv Ordner »Bayreuth«.

125 Vogelschutz Heft 1 (Januar 1985), S. 26.

126 LBV-Archiv Ordner »Deggendorf«, Landesbund für Vogelschutz, Kreisgruppe Deggendorf, Rundschreiben an alle Mitglieder und Freunde der Kreisgruppe, Februar 1986, S. 9.

127 Vogelschutz Heft 4 (Dezember 1982), S. 17; ebd. Heft 1 (Januar 1984), S. 37 (Zitat).

128 Ausführlich zu diesem Konflikt http://www.nabu.de/nabu/portrait/geschichte/00349.html#6 (zuletzt aufgerufen am 3.5.2020).

129 Vogelschutz Heft 1 (Januar 1984), S. 37.

130 LBV-Archiv Ordner »Haushalt Abschlüsse 1980–1988«, Tätigkeitsbericht 1982, Hilpoltstein, 1.1.1983, S. 3.

131 Vogelschutz Heft 4 (Dezember 1984), S. 29.

132 LBV-Archiv Ordner »Haushalt Abschlüsse 1980–1988«, Jugend-Information an alle Kreis- und Ortsgruppen des LBV, 6.10.1989.

133 Norbert Schäffer, LBV-Jugend und WAA, in: Vogelschutz Heft 1 (März 1986), S. 30.

134 Vogelschutz Heft 1 (Januar 1984), S. 9; Vogelschutz Heft 1 (Januar 1985), S. 4.

135 Vogelschutz Heft 1 (Januar 1984), S. 9; Helmut Klein, Das Waldsterben – die größte Herausforderung unserer Tage, in: Vogelschutz Heft 2 (Juni 1983), S. 3–4.

136 Michael Bledl, WAA. Auch ein Thema für uns, in: Nestflüchter. Jahrbuch der LBV-Jugend 1988, S. 29.

137 Ludwig Sothmann, Vögel haben ein Recht auf Leben – Artenschutz als Verbandsarbeit, in: Vogelschutz Heft 1 (März 1980), S. 12–15; S. 13.

138 LBV-Archiv Ordner »Landesbd. Abschluß 1981«, Abschluß GAP 1981; Ordner »Haushalt Abschlüsse 1980–1988«, Betriebswirtschaftliche Auswertung des Haushaltsjahres 1988.

139 Vogelschutz Heft 1 (1989), S. 5 f.

140 Dazu ausführlich Uekötter, Deutschland in grün.

141 Vgl. Gerti Fluhr-Meyer, Bettina Weiz, Evelin Köstler, NaturschutzGeschichte(n) Band I–IV, Laufen 2010–18.

142 Blätter für Naturschutz 49 (1969), S. 40. Hervorhebung im Original.
143 Interview mit Ludwig Sothmann am 16.9.2009.
144 Uekötter, 100 Jahre Bund Naturschutz in Bayern, S. 18.
145 Interviews mit Norbert Schäffer am 10.4.2020 und Ludwig Sothmann am 17.4.2020.
146 Hasenöhrl, Honoratiorenverein, S. 86.
147 Interview mit Ludwig Sothmann am 16.9.2009.

V. Ein starkes Stück Bayern 1990–2020

1 Landesbund für Vogelschutz in Bayern, Jahresbericht 2007/08, S. 36.
2 LBV-Archiv Ordner »Protokolle Delegiertenversammlung 1982–2009«, Protokoll der Delegiertenversammlung des Landesbundes für Vogelschutz in Bayern e. V. am 21./22. Oktober 2006 im Amberger Congress Centrum, S. 4.
3 LBV-Archiv Ordner »Bayreuth«, Aufruf zur Mitgliederwerbung des Landesbundes für Vogelschutz in Bayern, Kreisgruppe Bayreuth, ca. März 1993.
4 Ludwig Sothmann, Die Politik muss den Naturschutz ernster nehmen, in: Vogelschutz Heft 1 (1993), S. 2–3.
5 Vogelschutz Heft 4 (1991), S. 12.
6 Norbert Schäffer, Alexander Habermeier, LBV-Projekt Ostungarn, in: Vogelschutz Heft 4 (1996), S. 4–7.
7 Vogelschutz Heft 1 (1997), S. 8.
8 Heike Sell, Gemeinsam Trockenlebensräume bewahren. Grenzüberschreitender gesamtdeutscher Biotopverbund, in: Vogelschutz Heft 2 (2003), S. 28–29.
9 Vogelschutz Heft 4 (1995), S. 13.
10 Brigitte Henatsch, Langsamer Tod der Flusslandschaft Inn, in: Vogelschutz Heft 3 (1998), S. 30–32; S 30.
11 Nikolaus Döring, Ralf Ibisch, Isar-Allianz setzt Zeichen für nordalpine Wildflüsse, in: Vogelschutz Heft 2 (1997), S. 30–31, 33.
12 Vogelschutz Heft 1 (1992), S. 12.
13 Vogelschutz Heft 2 (1999), S. 24–25.
14 Sabine Pfeiffer, Ulle Dopheide, Der LBV fordert: Keine Freilandversuche mit genmanipuliertem Raps und Mais! in: Vogelschutz Heft 1 (1994), S. 28–29.
15 Maria Scharl, Protest gegen das AKW Temelin, in: Vogelschutz Heft 3 (1994), S. 16–17.
16 Vogelschutz Heft 1 (1993), S. 21.
17 LBV-Archiv Ordner »Protokolle Delegiertenversammlung 1982–2009«, Delegiertenversammlung des Landesbundes für Vogelschutz in Bayern e. V. am 20.10.2007 in der Stadthalle in Fürth, S. 4.
18 Karl-Heinz Paulus, Der alte Mann und der Strom, undatiert, online verfügbar unter https://www.bund-naturschutz.de/natur-und-landschaft/fluesse-und-auen-in-bayern/donau/emmanuel-jungclaussen.html (zuletzt aufgerufen am 3.5.2020); Marcel Kehrer, Donaufest in Niederalteich wirbt für frei fließende Donau, 30.4.2019, online verfügbar unter https://www.

br.de/nachrichten/bayern/donaufest-in-niederalteich-wirbt-fuer-frei-fliessende-donau,RRvuZIn (zuletzt aufgerufen am 3.5.2020).

19 Landesbund für Vogelschutz in Bayern, Jahresbericht 2009/10, S. 5, 8 (Zitat).

20 Christian Eichler, Das Ende des Wintermärchens, in: Frankfurter Allgemeine Zeitung vom 11.11.2013, online verfügbar unter https://www.faz.net/aktuell/sport/wintersport/klares-nein-zu-olympia-2022-in-muenchen-das-ende-des-wintermaerchens-12657703.html (zuletzt aufgerufen am 3.5.2020).

21 Ralf Hotzy, Das LBV-Quellschutzprogramm macht Fortschritte, in: Vogelschutz Heft 4 (1996), S. 10–12.

22 Ders., Schutz alpiner Quellmoore, in: Vogelschutz Heft 2 (1999), S. 12–15.

23 Vogelschutz Heft 3 (2002), S. 8–9.

24 Online verfügbar unter https://www.lfu.bayern.de/natur/quellen/index.htm (zuletzt aufgerufen am 3.5.2020).

25 Sebastian Werner, 3 Jahre Ramsar-Gebietsbetreuung am Ammersee, in: Vogelschutz Heft 4 (2000), S. 28–29.

26 Ralf Hotzy, Das LBV-Rotviehprojekt. Seiner Zeit voraus, in: Vogelschutz Heft 2 (2001), S. 4–6.

27 Vogelschutz Heft 1 (1996), S. 10.

28 Vogelschutz Heft 4 (1996), S. 26.

29 Ludwig Sothmann, Umweltforum – Gemeinsamkeiten sind gefragt, in: Vogelschutz Heft 1 (1997), S. 2.

30 Vogelschutz Heft 3 (1999), S. 33.

31 Vogelschutz Heft 3 (2000), S. 6–15.

32 Klaus Hübner, LBV als Träger eines ökologisch orientierten Kindergartens, in: Vogelschutz Heft 1 (1997), S. 36–38.

33 Interview mit Ludwig Sothmann am 16.9.2009.

34 Ebd.

35 Ebd.

36 Norbert Schäffer, Habitatwahl und Partnerschaftssysteme von Tüpfelralle Porzana porzana und Wachtelkönig Crex crex, in: Ökologie der Vögel 21 (1999), S. 1–267.

37 Interviews mit Norbert Schäffer am 10.4.2020 und Ludwig Sothmann am 17.4.2020.

38 Interview mit Norbert Schäffer am 10.4.2020.

39 LBV-Archiv Ordner »Protokolle Delegiertenversammlung 1982–2009«, Protokoll der Delegiertenversammlung des Landesbundes für Vogelschutz in Bayern e. V. am 21./22. Oktober 2006 im Amberger Congress Centrum, S. 10.

40 Interview mit Norbert Schäffer am 10.4.2020.

41 Ebd.

42 Online verfügbar unter https://www.lbv.de/ueber-uns/karriere/ (zuletzt aufgerufen am 3.5.2020).

43 Interview mit Ludwig Sothmann am 17.4.2020

44 Landesbund für Vogelschutz in Bayern, Jahresbericht 2018, S. 5.

45 Interview mit Volker Zahner am 17.4.2020.

46 Interview mit Helmut Beran am 28.4.2020.

47 Volksbegehren Artenvielfalt: Erster Stresstest nicht bestanden, online verfügbar unter https://www.lbv.de/news/details/volksbegehren-artenvielfalt-erster-stresstest-nicht-bestanden-neue-streuobstverordnung-weicht-naturschutz-auf/ (zuletzt aufgerufen am 3.5.2020).

Abbildungsnachweis

S. 21: Stadtarchiv Bamberg.
S. 24: Stadtarchiv Bamberg.
S. 34: Berlepsch, Der gesamte Vogelschutz.
S. 47: Marktarchiv Garmisch-Partenkirchen.
S. 55: Marktarchiv Garmisch-Partenkirchen.
S. 73: LBV-Archiv.
S. 81: Marktarchiv Garmisch-Partenkirchen.
S. 91: Hans-Joachim Fünfstück.
S. 102: LBV-Archiv.
S. 106: LBV-Archiv.
S. 109: Rudolf Wittmann.
S. 116: Sabine Schwarz.
S. 127: National University of Mongolia (NUM).
S. 130: Gerhard Koller.
S. 132: Birgit Feldmann.
S. 135: Toni Mader.
S. 137: Uschi Anlauf.
S. 140: Monika Schirutschke.

Orts- und Personenregister

Alfons von Bayern 31
Alsenz 49
Amberg 125
Ammersee 130, 147
Ammon, Andreas 132
Amsterdam 56
Aschaffenburg 112
Augsburg 92 f., 98, 111 f., 138, 140

Baden 59
Bamberg 10, 24, 26, 28 f., 39 f., 43, 48, 53 f., 56, 72, 143 f.
Bauer, Uwe 112
Bayreuth 38, 42 f., 74, 81, 110, 112, 114, 126, 133
Becker, Agnes 135
Beran, Helmut 37, 104
Berchtesgadener Land 130
Bergamo 74
Berlepsch, Hans Freiherr von 18f, 27f, 32–34, 45, 48, 72, 94
Berlin 27, 32
Bezzel, Einhard 11, 37, 90–92, 94, 96–98, 105, 107, 120, 145
Biedermann 37
Brandt, Herbert 79, 82, 88, 90, 145
Brettreich, Friedrich Ritter von 9
Brüll, Ulrich 89 f.
Buschhaus 111

Carson, Rachel 110
Coburg 72, 103, 112, 114, 147
Conwentz, Hugo 59

Deidesheim 28
Deggendorf 110, 112
Demmel, Peter 27
Dick, Alfred 115
Dillingen 98
Donauried 92 f., 145
Donauwörth 92
Dürrwaechter, Ludwig 78, 88

Ebers, Edith 37
Ebrach 100
Eckstein, Herbert 132
Eisenbreche 138
Eisenmann, Hans 96, 101, 122
Eschenbach 73
Escherich, Karl Leopold 41 f., 45 f., 50, 63 f., 69, 144

Fischstein 23, 40
Flasbarth, Jochen 115 f.
Frankreich 40, 42
Freiburg 69
Friedel, Schwester Gerda 132
Fürstenfeldbruck 111
Fürth 129, 147

Garmisch 10, 12, 31, 53–59, 65, 69, 74, 144

Garmisch-Partenkirchen 11 f., 68–71, 73, 75–82, 90, 94, 96, 104 f., 123, 145, 147
Gauweiler, Peter 131
Gebsattel, Franz von 41
Gebsattel, Hermann von 20–34, 39–41, 45, 51–53, 63 f., 72, 143
Gebsattel, Konstantin von 25
Geisenfeld 49
Glück, Alois 114, 138
Götz, Eicke 111
Greiner, Heinrich 93
Greven 103
Griechenland 95
Gröbenzell 111
Großbritannien 133–136
Grzimek, Bernhard 99
Gundelfinger Moos 93, 98
Gunzenhausen 93, 145

Hähnle, Lina 17 f., 36, 65, 67, 72
Haenel, Karl 23, 26 f., 39 f., 43 f., 46, 48, 51–54, 56 f., 65 f., 69 f., 74, 144, 150
Haidenaabtal 113
Hainburg 111, 126
Halle 17
Hamburg 72
Hartenholm 89
Hartmann, Ludwig 135
Hauptsmoorwald 29
Heiligenstadt 100
Henze, Otto 12, 36 f., 69–71, 75 f., 78–82, 84, 87–90, 120, 144 f.
Herrenchiemsee 31
Heß, Rudolf 69
Hilpoltstein 98 f., 105, 111, 114–116, 118 f., 122 f., 126, 130 f., 133 f., 136, 147
Hiltner, Lorenz 48
Hirschlach 93
Hitler, Adolf 14, 25, 42, 64 f.
Hohenheim 69
Hundhammer, Alois 79–82

Ingolstadt 4, 103, 109
Italien 31–35, 40, 66, 74, 95, 126

Jaumann, Anton 99 f.
Jungclaussen, Emmanuel 128

Karlsruhe 41
Keilstein 60
Kelheim 28, 39, 43, 69
Kempf, Karl 20
Kempten 108
Kiew 126
Klammet, Gerhard 78 f., 81
Kleinostheim 112
Klingenmünster 49
König, Claus 73
Körner, Georg 75
Koller, Gerhard 104, 123, 146
Kraus, Otto 84
Krembs, Oskar 56, 65, 70
Kreutz, Eduard 56, 65, 70
Kroner 39
Krumbach 98
Kürnacher Wald 109

Lampl, Roman 78, 80
Landshut 43, 68
Lang 79
Lenk, Maria 37
Lessing, Benno 26
Lethaus, Gertrud 37
Leutstetten 31
Löns, Hermann 15
Loisach-Kochelsee-Moor 93, 146
Lorenz, Konrad 100
Ludwigsburg 73
Ludwigshöhe 27

Luitpold von Bayern 9, 19, 31, 143

Maier, Sepp 122
Mang, Johann 100
Mecklenburg-Schwerin 40
Mergner, Richard 135
Mertingen 93
Mertinger Hölle 92
Miltenberg 112
Mongolei 126 f.
Moosach bei Grafing 27
Mühltal 128
München 9, 18, 20, 22, 24, 27, 41–43, 47, 57, 64 f., 69, 77, 79, 81, 95, 99, 116, 121, 126, 129, 136
Murnau 78
Muschner, Georg 20, 22, 27, 32, 51

Nebesky, Karl 68
Neblich, Josef 42 f., 45, 49, 65–67, 144
Neustadt an der Weinstraße 22, 47
Niederaltaich 128
Nördlingen 92
Nordhausen 99
Nürnberg 27, 107, 123
Nymphenburg 31

Oberallgäu 108 f., 112, 114, 138
Obersalzberg 65 f.
Österreich 111, 126
Olching 111

Paris 18, 74
Parrot, Karl 22
Partenkirchen 55
Pegnitz 23, 114
Piehler, Hermann 89
Pille, Alf 37, 104
Polen 56
Pressath 113
Preußen 18, 59
Pupplinger Au 93
Pyeongchang 129

Ranftl, Helmut 92
Rathenau, Walther 25
Regensburg 60, 103, 112 f., 133
Regenstauf 38
Reinsch, Alfred 98 f.
Rheinpfalz 9 f., 39–41, 43, 47
Riedberger Horn 138
Roth 99
Rupprecht von Bayern 64

Sachsen 59
Schäffer, Norbert 37, 91, 102, 116 f., 121, 133–138, 148
Scheublein 79
Schleißheim 31
Schmieder, Karl August von 28
Schnabel 48
Schwabach 73
Schwandorf 38, 92
Schwangart, Fritz 47
Schwarz, Sabine 37, 116
Schwarzachtal 99
Schwarzwald 83
Schweinfurt 114
Schweiz 130
Seebach 18, 27 f.
Seidel, Hanns 34
Siering, Manfred 104, 146
Sinowatz, Fred 111
Söder, Markus 132
Sothmann, Ludwig 38, 91, 99–105, 108, 114, 118, 120–123, 125 f., 128, 131–134, 136 f., 140, 146, 148
Sperber, Georg 100
Speyer 43

Spitlbauer, Karl 107
Springer, Karl 107
Stauber, Heribert 78–80, 82, 145
Steinach 28, 52
Stoiber, Edmund 96
Straubing 113, 128
Strauß, Franz Josef 111
Streibl, Max 96
Stuttgart 33, 69, 72
Sulzbach-Rosenberg 133

Temelin 128
Tharandt 41
Thiele, Peter 107
Thüringen 126
Thundorfer Weiher 92
Tschechische Republik 126, 128

Überlingen 81
Ukraine 126
Ungarn 31, 126
Unterfranken 43, 48

Veitshöchheim 31
Veldensteiner Forst 114
Vetto, Freiherr von 22
Vilshofen 128

Wackersdorf 117 f., 121
Waldleiningen 49
Waldmohr 49
Waltenhofener Moos 108
Weiger, Hubert 121, 133
Weinzierl, Hubert 92, 100 f., 120, 133, 145
Weltenburger Enge 113
Wemding 92
Wemdinger Ried 92
Wenglein, Carl 73 f.
Wilhelm von Preußen 64
Winifred Duchess of Portland 36, 132
Wolfratshausen 93
Würzburg 44, 48, 51
Wutachschlucht 83

Zahner, Volker 135, 138
Zimmermann, Günther 90